ANJA MACK | KIRSTEN WOLF

HUNDE TRAINING
LEICHT GEMACHT

Alltagsprobleme erfolgreich meistern

ANJA MACK | KIRSTEN WOLF

HUNDE TRAINING

LEICHT GEMACHT

**Alltagsprobleme
erfolgreich meistern**

DIE GU-QUALITÄTS-GARANTIE

Wir möchten Ihnen mit den Informationen und Anregungen in diesem Buch das Leben erleichtern und Sie inspirieren, Neues auszuprobieren. Bei jedem unserer Produkte achten wir auf Aktualität und stellen höchste Ansprüche an Inhalt, Optik und Ausstattung. Alle Informationen werden von unseren Autoren und unserer Fachredaktion sorgfältig ausgewählt und mehrfach geprüft. Deshalb bieten wir Ihnen eine 100 %ige Qualitätsgarantie.

Darauf können Sie sich verlassen:
Wir legen Wert auf artgerechte Tierhaltung und stellen das Wohl des Tieres an erste Stelle. Wir garantieren, dass:
- alle Anleitungen und Tipps von Experten in der Praxis geprüft und
- durch klar verständliche Texte und Illustrationen einfach umsetzbar sind.

Wir möchten für Sie immer besser werden:
Sollten wir mit diesem Buch Ihre Erwartungen nicht erfüllen, lassen Sie es uns bitte wissen! Nehmen Sie einfach Kontakt zu unserem Leserservice auf. Sie erhalten von uns kostenlos einen Ratgeber zum gleichen oder ähnlichen Thema. Die Kontaktdaten unseres Leserservice finden Sie am Ende dieses Buches.

GRÄFE UND UNZER VERLAG
Der erste Ratgeberverlag – seit 1722.

Liebe Leserin, lieber Leser,

einen Hund zum Freund zu haben, ist ein wunderbares und immer wieder bereicherndes Gefühl, das Wärme vermittelt und Lebensfreude. Das erleben Sie und wir jeden Tag. Selbst dann, wenn der beste Freund öfter mal seinen eigenen Kopf hat und uns damit ganz schön ins Schwitzen bringen kann. Und unsere Geduld und unser Verständnis für sein Verhalten immer wieder auf die Probe stellt …

Hunde sind Individualisten. Sie haben ein komplexes Gefühlsleben, sie bringen ihre eigenen Erfahrungen und Ansprüche in die Partnerschaft mit dem Menschen ein, sie besitzen zum Teil rassebedingte Verhaltensweisen und reagieren sehr sensibel auf ihre Umwelt – vor allem aber auf »ihre« Menschen.

Das Verhältnis Mensch und Hund ist schon lange Gegenstand des wissenschaftlichen Interesses. Und alle Studien bestätigen: Es ist der Mensch, der Verhalten und Reaktionen des Hundes entscheidend mitbestimmt. Und als Hundehalter haben Sie es in der Hand, ob Ihr Hund ruhig oder eher gestresst durchs Leben geht, ob er Sie selbst, andere Menschen oder die eigenen Artgenossen durch aggressives Verhalten beeinträchtigt, ob ihn Ängste quälen, ob er sich von Ihnen anleiten und lenken lässt oder zu selbstständig eigene Wege geht. Und Sie ihm deshalb womöglich weniger Freiheiten erlauben können, als Sie eigentlich möchten. Denn als Besitzer eines Hundes haben Sie eine große Verantwortung: Ihrem Vierbeiner gegenüber, der einen Anspruch hat auf Integration, Geborgenheit, Versorgung und Beschäftigung. Vor allem aber auch der Umwelt gegenüber,

Mensch und Tier, die Ihren Hund friedlich, unaufdringlich und jederzeit kontrollierbar erleben sollten. Ihr Hund erwartet von Ihnen stets Orientierung. Signalisieren Sie ihm, was er darf und was nicht, wo er Grenzen respektieren muss und wo Sie ihm Freiräume zugestehen. Sie haben es in der Hand, Ihrem Hund eine Souveränität zu vermitteln, die es ihm erlaubt, artgerecht und entspannt mit anderen zu kommunizieren. Auf diese Weise genießt er größtmögliche Freiheiten.

Für alle, die sich und ihrem Hund mehr Souveränität und Harmonie wünschen, beschreiben wir in diesem Buch den Weg dorthin. Schritt für Schritt und mit detaillierten Analysen der häufigsten Probleme, die im Zusammenleben von Mensch und Hund zu kleinen und größeren Konflikten führen können. Wir erläutern, warum es zu Missverständnissen und Unstimmigkeiten kommen kann, wo Sie unbewusst oder bewusst dazu beitragen, dass Fehlverhalten und nervende Gewohnheiten zu Dauerproblemen werden.

Unser Buch »Hundetraining« ist mehr als eine Rezeptsammlung, mit der Ihr Vierbeiner zur Kooperation angehalten werden soll. Es steht die ganzheitliche Problemlösung im Mittelpunkt: Auf jeder Stufe eines Trainingsprogramms geben wir Hilfestellung für Praxistauglichkeit und individuelle Umsetzung einer Übung.

Das Ziel ist vorgegeben: der Hund, der sich in jeder Lebenslage behauptet. Aggressionsfrei, angstfrei, sozial verträglich, souverän.

Ihre

Anja Mack und Kirsten Wolf

Die Basis ist Verständnis

Kapitel 1 Warum er tut, was er tut – und mit welchen Regeln und Strategien Ihr Hund zu einem souveränen Begleiter wird.

Hunde können richtig viel – vor allem lernen

VOM WESEN DES HUNDES Das Verhalten Ihres Hundes ist ein bunter Mix aus verschiedenen Einflussfaktoren. Wie jeder Vierbeiner ist er mit Erbanlagen zur Welt gekommen, die ihn einer bestimmten Rasse zuordnen oder unterschiedliche Rasseanteile enthalten. Aber das sagt noch längst nicht alles über Ihren vierbeinigen Freund! Schon das ungeborene Hündchen wird von den Lebensumständen und dem Charakter seiner Mutter beeinflusst. Ist der Welpe dann auf der Welt angekommen, geht es los mit den Umweltreizen: Wächst er liebevoll umsorgt heran? Muss er sich mit vielen Wurfgeschwistern auseinandersetzen? Darf er schon im Alter von wenigen Wochen langsam eine Umgebung erkunden, die ihn nicht überfordert, aber seine Neugier weckt auf die große, weite Welt? Erfahrungen formen ihn täglich, in jedem Alter. Und jeden Tag können Sie dafür sorgen, dass er an Ihrer Seite genau die richtigen Erfahrungen macht.

Diese Einflüsse bestimmen
Verhalten und Reaktionen des Hundes

Die angeborenen Verhaltensgrundlagen sind der Grundstock, damit Lernen überhaupt möglich ist. Sie bestimmen entscheidend mit, in welche Richtung sich das Lernen entwickeln kann. Bei allen Lebewesen hängt das Ergebnis von vielen Faktoren ab. Vor allem von der Umwelt und den Erfahrungen, die in frühester Jugend gemacht werden. Beim Hund liegt vieles davon im Einflussbereich des Besitzers. Hunde bewahren sich ihre enorme Lernfähigkeit bis ins hohe Alter. Auch die Wissenschaft hat den Hund als Forschungsthema entdeckt und liefert ständig neue Erkenntnisse, etwa über seine kognitiven Fähigkeiten. Die Gene spielen dabei zweifelsohne eine wichtige Rolle. Jedoch ist eine präzise Bestimmung dessen, was biologisch festgeschrieben ist und was nicht, scheinbar kaum möglich. Deshalb liefert Ihnen die Rassezugehörigkeit oder der Rasse-Mix Ihres Hundes zwar Anhaltspunkte dafür, welche Verhaltenstendenzen er wahrscheinlich zeigen wird – in Stein gemeißelt ist das aber keineswegs. Oft erleben wir, dass sich ein Rassehund so verhält, wie es im Rassestandard beschrieben ist, ein anderer der gleichen Rasse dagegen scheinbar völlig »untypisch«.

Was Hunde können und was Hunde wollen

Wie fühlt ein Hund? Was macht ihn glücklich? Warum reagiert er so und nicht anders? Welche Erfahrungen braucht er unbedingt, welche sollte man ihm besser ersparen? Ein kurzer Ausflug in die Entwicklungsbiologie des Hundes ist eine gute Basis, um sein Verhalten besser zu verstehen. Der Blick auf die Entwicklungsphasen gibt wichtige Hinweise, in welchen sensiblen Lebensabschnitten Sie besonders gute Chancen haben, Ihrem Vierbeiner das Richtige zu vermitteln. Oder sich darüber klar zu werden, was Ihr Hund in einer seiner früheren und prägenden Phasen womöglich verpasst hat und deshalb liebevolle Nachhilfe braucht. Als Halter können Sie viel dazu beitragen, dass er sein ihm eigenes Verhaltensrepertoire voll ausschöpft und seine individuellen Fähigkeiten und Talente nutzt.

Tag für Tag ist der Hund unzähligen Außenreizen ausgesetzt, die sein Verhalten beeinflussen und seine Reaktionen bestimmen. Das beginnt bei den neugeborenen Welpen, bei denen bereits

Ein rassetypisch gerunzelter Nasenrücken kann von anderen Hunden als Drohung missverstanden werden.

kleine Begebenheiten prägend für ihr späteres Leben sein können. Ein schwacher Welpe zum Beispiel muss an der Milchbar seiner Mutter mehr kämpfen und genießt nicht den wärmsten Schlafplatz zwischen den Geschwistern. So lernt er schon früh, mit Frustration umzugehen – eine Erfahrung, die ihm in seinem weiteren Leben nützlich sein wird. Ein etwas älterer Welpe, der beim Spaziergang von einem erwachsenen Hund

INFO NICHT JEDER STRESS IST SCHLECHT

Auch stressige Situationen gehören ganz normal zum Hundealltag: Wenn Ihr Hund »Sitz« machen soll, obwohl seine Hundefreundin gerade vorbeiläuft; wenn Sie ihm Grenzen setzen und er zum Beispiel an der lockeren Leine gehen soll, obwohl ein anderer Hund in Sicht kommt – das alles kann für einen Hund Stress bedeuten. Prinzipiell trifft das für alles zu, was Sie von ihm fordern, wozu er aber gerade keine Lust hat. Diese Form von Stress ist in Ordnung, wenn Sie dem Hund Lösungen anbieten und ihn für gutes Verhalten belohnen. Überfordern Sie ihn nicht mit Aufgaben und bringen Sie ihn nicht in Situationen, die er nicht bewältigen kann. Beispiel oben: Vergrößern Sie zuerst die Distanz zum anderen Hund und üben dann entspannt das Gehen an der lockeren Leine.

übermäßig zurechtgewiesen wurde, reagiert ab diesem Zeitpunkt vielleicht unsicherer bei Begegnungen mit Artgenossen und knüpft nicht mehr so unbeschwert Kontakte wie zuvor. Wird diese negative Erfahrung nicht durch positiven Umgang mit anderen Hunden kompensiert, zeigt sich die Verhaltensbeeinflussung häufig vor allem nach der Pubertät, wenn der Vierbeiner seine Unsicherheit nicht ablegt oder Artgenossen nach dem Motto »Angriff ist die beste Verteidigung« auf Abstand hält.

Auch schlechte Vorbilder können Hunde zu unerwünschten Verhaltensweisen verleiten, zum Beispiel Artgenossen anzubellen oder sich beim Spaziergang zu weit zu entfernen. Ebenso haben Krankheit oder Schmerzen einen bestimmenden Einfluss auf das Verhalten eines Hundes: Fühlt er sich unwohl, lernt er nicht gern oder verweigert sich sogar völlig. Wenn er Schmerzen hat, kann er schneller gereizt sein und reagiert vielleicht sogar abwehrend aggressiv.

Wichtig Vor allem für schnell auftretende Verhaltensänderungen sind nicht selten gesundheitliche Probleme verantwortlich. Da man seinem Hund darüber hinaus viele Erkrankungen, etwa eine Schilddrüsenunterfunktion oder schlechteres Hören oder Sehen, nicht unbedingt anmerkt, sollten Sie im Zweifelsfall einen Gesundheitscheck vom Tierarzt durchführen lassen.

Fremde Sinneswelten

Als Halter können Sie nicht alles wahrnehmen, was Ihr Hund an Erfahrungen sammelt – logisch, dafür ist das Leben viel zu komplex. Noch dazu bewegt sich Ihr Hund in Sinneswelten, die Ihnen naturgemäß mehr oder weniger verschlossen bleiben. Er hört und riecht sehr viel besser als wir, er analysiert andere Hunde viel schneller und genauer, als ein Mensch dies je könnte. Schon gar nicht kann ein Hundehalter immer wissen, mit welchen Erfahrungen sein Vierbeiner ein Erlebnis verknüpft und welche Bedeutung es für ihn hat. Dennoch können Sie daran mitwirken, welche Erfahrungen Ihr Hund macht und wie er sie verarbeitet.

Mit gutem Beispiel voran: der souveräne Halter

Sie teilen Ihr Leben mit Ihrem Hund und können am besten einschätzen, welche Situationen ihn zu sehr stressen und was er schon sicher beherrscht. Und hier beginnt Ihr Part: Helfen Sie ihm über Unsicherheiten hinweg, setzen Sie ihm aber auch vernünftige Grenzen. Ihr Vierbeiner erwartet von Ihnen genaue Vorgaben, was er darf und was er nicht darf, um sich in diesem Rahmen sicher und souverän zu bewegen.

Ihre Ruhe gibt dem Hund Sicherheit

Reagieren Sie möglichst gelassen auf die Geschehnisse um Sie und Ihren Hund herum. Die Wirkung einer ruhigen Ausstrahlung auf den Hund ist nicht zu unterschätzen, da er mit seinem feinen Gespür sofort registriert, ob Sie aufgeregt oder angespannt sind: Er nimmt jeden Ihrer Blicke, Ihre Körperhaltung und Tonlage wahr und macht sich darauf seinen Reim. Ihre Ausgeglichenheit kann Ihnen und Ihrem Hund Aufregungen ersparen und dafür sorgen, dass eine schwierige Situation nicht zusätzlich eskaliert. Vielleicht fällt es Ihnen anfangs nicht immer leicht, ruhig und gelassen zu bleiben, doch das lässt sich trainieren. Rufen Sie sich dazu vor jedem Spaziergang noch einmal ein ruhiges Verhalten ins Bewusstsein oder stellen Sie sich typische Aufregersituationen in einer gemäßigten Version vor. Sobald Sie selbst mehr Souveränität ausstrahlen, passt sich auch Ihr Hund dieser ausgeglichenen Grundstimmung an.

So schützen Sie ihn vor Stress

Was ein Hund nervlich gut verkraftet und was ihn überfordert, ist von Typ zu Typ sehr unterschiedlich und hängt zudem von seinem Alter und von den Erfahrungen ab, die er gemacht hat.

Für den Menschen sind die daraus resultierenden Reaktionen seines Hundes nicht immer auf Anhieb nachvollziehbar.

▶ Schon ein mit einer Plane abgedecktes Motorrad, das an der Straße geparkt ist, bereitet einem Vierbeiner Stress, wenn er »das Ding« nicht als harmlos einordnen kann.

▶ Es gibt aber auch Stresssituationen, die man einem Hund grundsätzlich ersparen sollte, zum Beispiel jeden Morgen von einem bestimmten Artgenossen angegiftet zu werden.

▶ Überfordern können den Hund auch Situationen, die auf den ersten Blick harmlos erscheinen, etwa, wenn ihn Kinder umringen und alle ihn streicheln wollen.

▶ Wenn Ihr Hund grundsätzlich vor anderen Hunden Angst hat, dann sollten Sie Kontakte vermeiden, bei denen er anderen Hunden nahe kommt oder von ihnen bedrängt werden kann.

Rücksicht nehmen: Nicht jeder mag Hunde. Mancher fühlt sich bedroht, wenn ihm ein Hund zu nahe kommt.

Also nicht frontal mit dem Hund auf fremde Hunde zusteuern und nicht mitten in eine Hundegruppe hineinlaufen (→ Mit diesen Strategien bald ein souveränes Team, Seite 28).

▸ Unbewältigter Stress kann zu Denkblockaden und einem Gefühl von Aussichtslosigkeit führen. Dadurch wird der Hund nicht nur weiter psychisch instabil, sondern das schwächt unter anderem auch das Immunsystem und erhöht das Krankheitsrisiko.

Die Leine beruhigt

Wenn Sie beim Spaziergang spüren, dass Ihr Hund unsicher ist, leinen Sie ihn ruhig und ohne Kommentar an. Unsichere Hunde beziehen daraus oft Sicherheit. Andere Situationen halten Sie von vornherein stressfrei, indem Sie ihn rechtzeitig an die Leine nehmen: wenn andere

—Nur ein souveräner Halter kann seinem Hund Sicherheit und Souveränität vermitteln.

Hunde angeleint sind, wenn Menschen in Gegenwart Ihres Hundes unsicher sind, wenn Sie an der Straße laufen. Zur Sicherheit des Hundes sollte die Leine hier ohnehin obligatorisch sein.

Temperament und Vorlieben

Hunde sind eigenständige Persönlichkeiten mit unterschiedlichem Temperament und individuellen Vorlieben. Mit einer sinnvollen Kombination aus Beschäftigung und Ruhepausen kann der Hund seiner Umwelt entspannt begegnen. Während der eine für sein Leben gern spielt, setzt der andere lieber seine Nase ein, um Spannendes zu entdecken, und der Dritte ist eher der gemütliche Kandidat, der hinter seinem Besitzer hertrottet.

Sinnvolle Aufgaben stellen Ihr Hund braucht Jobs, das macht ihn stolz und glücklich. Erlaubt ist alles, was Spaß bringt und ihm körperlich nicht schadet. Das heißt natürlich nicht, dass er sich wie ein Rüpel aufführen darf – Grenzen müssen eingehalten werden. Rücksicht auf Mitmenschen, andere Hunde und auf die Umwelt ist selbstverständlich. Mit dem erwachsenen Hund ein- bis zweimal pro Woche so etwas wie Mantrailing oder Agility trainieren ist optimal. Und beim täglichen Spaziergang kann man sehr gut kleine Übungen einbauen.

Mit täglichen Pausen Stress abbauen Für jeden Hund sind Ruhephasen in jedem Lebensalter wichtig, um eventuellen Stress abzubauen und neue Energie zu tanken. Manche Hunde nehmen sich diese Ruhe selber und legen sich einfach mal für eine Weile aufs Ohr. Anderen muss man die Ruhezeit womöglich zuteilen, weil sie von sich aus keine Pausen einlegen. Eventuell muss das sogar trainiert werden. Hilfreich kann für diesen Zweck ein ruhiger Raum sein, den der Hund gut kennt. Alternativ eignet sich auch eine Hundebox.

Den Hund ignorieren Wenn Ihr Hund nervt, indem er Sie zum Beispiel fortlaufend zum Spielen auffordert, sollten Sie ihn ignorieren. So wird für ihn die Dauerbetreuung nicht selbstverständlich, und Sie setzen zugleich ein Signal ein, das auch von Hunden benutzt wird, wenn ihnen ein Artgenosse »auf den Geist geht«: Sie ignorieren ihn und stärken damit zugleich ihren Status in der Gruppe.

Den Experten fragen Gönnen Sie Ihrem Hund etwa zweimal täglich Ruhephasen von zwei bis vier Stunden, zusätzlich zur Nachtruhe. Bei Bedarf kann es auch durchaus mehr sein. Wenn Sie in der Beurteilung Ihres Hundes unsicher sind und nicht gut einschätzen können, wie viel Ruhe und wie viel Beschäftigung er braucht, hilft Ihnen ein Hundetrainer oder ein Verhaltenstherapeut gerne mit wertvollen Tipps weiter.

Hunde lernen schnell und leicht – ihr Leben lang

Lernen ist eine Strategie der Natur, dank der es Mensch und Tier gelingt, sich den ständigen Veränderungen der Umwelt anzupassen. Die Hunde verdanken ihre besonders hoch entwickelte Lernfähigkeit ihrer Lebensform im Rudel. Das ist für den Halter Chance und Herausforderung zugleich: Chance, weil der Hund lernen kann, sich optimal unseren Lebensumständen anzupassen, und Herausforderung, weil richtiges Lernen eine gekonnte Vermittlung voraussetzt.

Die Formen des Lernens beim Hund

Prägung Prägungslernen ist nur in den sensiblen Lebensphasen bis Ende der 16./18. Lebenswoche möglich. Erlerntes und Versäumtes während dieser wichtigen Zeiten sind nur schwer, manchmal gar nicht mehr zu korrigieren.

Soziales Lernen Hunde kommen zwar mit den genetischen Vorgaben für ein Leben in sozialen Verbänden auf die Welt, die dafür notwendigen Umgangsformen müssen sie aber Schritt für Schritt lernen. Auch das Erkennen von Signalen, Kommunikationsformen und die passenden Reaktionen darauf werden erlernt. Ferner muss der Hund im Umgang mit dem Menschen lernen, was erlaubt ist und was nicht. Gegebenenfalls muss man ihm seine Grenzen aufzeigen, bis er sie akzeptiert.

Gewöhnung Hunde können sich an Umweltreize gewöhnen. Wenn Sie zum Beispiel in der Nähe von Bahngleisen wohnen, erschrickt Ihr Hund vielleicht zu Beginn noch, wenn ein Zug vorbeifährt, doch nach einiger Zeit reagiert er überhaupt nicht mehr darauf.

Lebenslang lernen Was immer Hunde auch machen, sie lernen dabei ständig, und zwar oft, ohne dass wir es bemerken oder beabsichtigen. Im Spiel mit dem Menschen macht der Vierbeiner möglicherweise die Erfahrung, dass sich der Spielpartner ganz wunderbar zum Weiterspielen animieren lässt, wenn man ihn ständig anstupst oder herzzerreißend fiept.

Lernen durch Verknüpfen Hunde können mehrere Ereignisse miteinander verknüpfen. Ein Hund, der sich vor der Sirene eines Feuerwehrautos fürchtet und gleichzeitig ein vorbeifahrendes Moped beobachtet, kann das Gefühl der Furcht auch auf das Moped übertragen. Positive Verknüpfungen kann man beim Hund zum Glück relativ rasch und stabil aufbauen. Das richtige Ausführen eines Kommandos verknüpft er schon nach wenigen Wiederholungen mit dem Leckerli, das sofort danach als Belohnung folgt. Die zeitliche Nähe ist hier sehr wichtig. Unerwünschte Verknüpfungen gibt es natürlich auch. Sie entstehen, wenn der Hund unbeabsichtigt für eine Handlungskombination belohnt wird. Beispiel: Ihr Hund läuft einem Jogger hinterher, Sie setzen das Rückrufsignal ein – und belohnen ihn fürs Zurückkommen. Ihr Hund verknüpft: Jogger jagen – zurück zum Besitzer – Leckerli kassieren.

Lernen durch Misserfolg Auch ein negatives Erlebnis für den Hund kann Sinn machen, wenn unerwünschte Verhaltensweisen gelöscht werden sollen. Nervt Ihr Hund, weil er ständig winselt, damit Sie sich mit ihm beschäftigen, hilft es, wenn Sie ihn ignorieren. Also: nicht anschauen, nicht ansprechen, nicht maßregeln. Wenn er allerdings die Nachbarn anbellt, hilft es wenig, ihn zu ignorieren. Hier brauchen Sie eine gezielte Strategie (→ Er hat bestimmte »Feindbilder«, die er immer wieder attackiert, Seite 76).

Lernen am Vorbild Ein Hund kann sich gute und schlechte Verhaltensweisen von anderen Hunden abgucken. Das heißt für Sie: Suchen Sie sich die richtigen Vorbilder auf vier Pfoten für Ihren Hund aus und schließen Sie sich ihnen immer mal wieder an, wenn die anderen Hundehalter damit einverstanden sind.

Ohne Missverständnisse
mit dem Hund kommunizieren

Um sich mitzuteilen, setzen Hunde vor allem ihre Körpersprache ein. Freude oder Aggression, Angst oder Selbstsicherheit und vieles mehr signalisieren sie hauptsächlich über Körperhaltung, Gesten und die Mimik, ihren außerordentlich facettenreichen Gesichtsausdruck. Menschen hingegen kommunizieren vor allem verbal, auch mit dem Hund. Die Signale unseres Körpers senden wir dabei meist unbewusst aus. Und lassen damit aber eine große Ressource weitgehend ungenutzt: Über eine aufeinander abgestimmte Kombination von Laut- und Körpersignalen können wir uns mit dem Hund sehr präzise und zugleich gelassen verständigen. Dabei geht es nicht um das genaue Kopieren der hundlichen Ausdrucksformen, sondern um eine klare Körpersprache, die der Hund interpretieren kann, ohne dass es zu Missverständnissen kommt. Sie müssen Ihren Hund also nicht zurückbeißen, wenn er einmal nach Ihnen schnappen sollte, oder ihn anknurren, damit er ein unerwünschtes Verhalten einstellt. Verhalten Sie sich souverän und bieten Sie ihm eindeutige und verständliche Lösungen an, die ihn nicht überfordern.

So setzen Sie Signale mit Ihrer Körperhaltung

Gelassen und aufrecht Wenn Sie entspannt und in aufrechter Haltung gehen, wirkt das souverän auf Ihren Hund und hat im Umgang miteinander große Bedeutung. In Stresssituationen nutzen Sie diese Wirkung, indem Sie dem Hund mit gelassener Körperhaltung signalisieren, dass Sie die Lage voll im Griff haben.

Rückwärtsgehen Wenn Sie Ihren Hund näher bei sich haben wollen, gehen Sie nicht etwa auf ihn zu, sondern bewegen Sie sich zunächst einmal von ihm weg. Damit signalisieren Sie ihm freundlich »Folge mir« beziehungsweise »Komm näher«. Das ist zum Beispiel beim Rückruf hilfreich: Schaut er nach dem Rückruf zu Ihnen hin, gehen Sie einige Schritte rückwärts und drehen sich leicht zur Seite. Damit unterstützen Sie ihn beim Herankommen. Wenn Sie allerdings ein unerwünschtes Verhalten Ihres Hundes abbrechen müssen, bleibt Ihnen nichts übrig, als zu ihm hinzugehen und ihn anzuleinen.

Nicht über den Hund beugen Besonders bei einem kleinen Hund neigt man fast automatisch dazu, sich über ihn zu beugen. Das empfinden viele Hunde als bedrohlich, besonders in Kombination mit einem akustischen oder visuellen Signal, etwa während einer Übung. Dann kann es passieren, dass der Hund nicht nah genug herankommt oder ausweicht. Bleiben Sie bei Signalgabe immer aufrecht stehen (→ Foto rechts). Allerdings wollen Sie Ihren Hund auch belohnen, und dazu müssen Sie sich in der Regel zu ihm hinunterbeugen. Verknüpfen Sie das immer mit einem Lob und schauen Sie dem Hund dabei nicht direkt in die Augen.

Grenzen setzen Stellen Sie sich ein Spiel unter Hunden vor: Der eine hat ein Spielzeug, der Spielpartner will es haben. Der Spielzeugbesitzer dreht sich ruckartig mit seinem Spielzeug von dem anderen weg, um es zu schützen. Der aber bleibt hartnäckig und versucht an das Objekt zu kommen. Stellen Sie sich nun selber mit einem Spielzeug in der Hand vor, Sie wollen das Spiel beenden, nehmen Ihrem Hund das Spielzeug weg, reißen es zu sich hoch oder verstecken es hinter Ihrem Rücken. Mit dem Ergebnis, dass Ihr Vierbeiner sich animiert fühlt, mit Ihnen weiterzuspielen. Das richtige Signal für das Spielende sieht so aus: Bleiben Sie aufrecht stehen und halten Sie das Spielzeug auf Brusthöhe vor Ihren Körper. Will der Hund an Ihnen hochspringen, schauen Sie ihn streng an, machen einen Schritt auf ihn zu und halten ihn notfalls mit der freien Hand davon ab, noch einmal hochzuspringen. Sie dürfen dabei durchaus bedrohlich wirken, denn das rüpelhafte Verhalten Ihres Hundes braucht eine klar signalisierte Grenze – und das erreichen Sie mit der Körpersprache. Neben

anderen Einsatzmöglichkeiten ist das auch für Zerrspiele sinnvoll: Bleiben Sie locker, aber geben Sie konsequent die Grenzen vor. Wenn Sie möchten, dass Ihr Hund das Zerrspielzeug freigibt, bleiben Sie unbeweglich stehen, halten das Spielzeug fest und schauen den Hund streng an.

Zur Seite drehen Folgende Situation: Sie fürchten eine Auseinandersetzung zwischen Ihrem und einem anderen Hund. Vermutlich sind Sie angespannt und richten den Blick auf den anderen Hund. Ihr Hund steht vor Ihnen, zeigt die gleiche Anspannung und fixiert den Gegner ebenfalls. Es liegt auf der Hand, wie er Ihr Verhalten deutet: Mein Mensch hält den anderen Hund ebenfalls für bedrohlich! Vermitteln Sie

FALSCH UND RICHTIG: EINLADUNG ZUM HERBEIKOMMEN

1 Die Halterin ruft den Hund und beugt sich leicht nach vorn. Auch wenn ihre Einladung freundlich klingt, signalisiert diese Körperhaltung dem Hund doch »Lieber wegbleiben«. Wer direkt auf einen Hund zugeht, ihn mit Blicken fixiert oder den Oberkörper zum Hund hinbeugt, hält ihn damit auf Distanz und macht ihm das Herbeikommen unnötig schwer – was dieses Foto mit der Unsicherheitsgeste des Schnauzenleckens verdeutlicht.

2 Hier steht die Halterin aufrecht mit leichter Tendenz zum Rückwärtsgehen. Auf den Hund wirkt das wie eine freundliche Einladung, er versteht: »Ich bin freundlich gestimmt, komm zu mir!« Optimal ist es, wenn der Blick bei der Signalgabe vom Hund zu der Position wandert, die er einnehmen soll. Vergrößert man beim Rückrufsignal gleichzeitig die Distanz zum Hund, verstärkt das seine Bereitschaft, dem Signal Folge zu leisten.

ihm ein anderes Signal: Nähert sich ein fremder Hund, drehen Sie sich leicht zur Seite und gehen zusammen mit Ihrem Hund ruhig und entspannt im Bogen von dem anderen weg. Sinnvoll ist es, mit der Aktion zu beginnen, solange Ihr Hund noch entspannt auf Sie reagiert und der andere genügend weit weg ist. Tun Sie geradezu gelangweilt, denn damit signalisieren Sie, dass Sie den fremden Hund zwar wahrgenommen haben, er aber für Sie keine Bedrohung darstellt. Das Prozedere funktioniert auch bei Menschen, die Ihr Hund als bedrohlich empfindet. Wenn seine Anspannung allerdings in offenes Aggressionsverhalten umschlägt und er attackieren will, muss er an die Leine (→ Er hat bestimmte »Feindbilder«, Seite 76). Bei hartnäckigen Fällen sollten Sie die professionelle Hilfe eines Verhaltensexperten in Anspruch nehmen.

Zielorientiert Gehen Sie dem angeleinten Hund nicht nach, wenn er irgendwo schnuppern will, sondern bleiben Sie stehen. Beugen Sie sich auch

nicht nach vorn oder strecken als Verlängerung der Leine den Arm aus. Das alles registriert ein Hund als Nachgiebigkeit. Verständlicherweise meint er, Tempo und Richtung vorgeben zu müssen. Gehen Sie konsequent in die von Ihnen gewählte Richtung und schauen Sie auch dorthin. Das unterstreicht Ihre Zielstrebigkeit. Auch hier ist eine aufrechte Körperhaltung wichtig, um Souveränität zu signalisieren.

Ruhe ausstrahlen Die Art und Weise, mit der Sie gehen, verrät Ihrem Hund viel: Gehen Sie schnell und unruhig, kommt das bei ihm als Hektik an. Vermindern Sie daher in Stresssituationen, etwa bei Begegnungen mit Fremden, Ihr Lauftempo und bleiben Sie dabei relaxed. Dann entspannt sich auch Ihr vierbeiniger Begleiter.

Was Ihre Augen verraten

Ein Blick von Ihnen kann für Ihren Hund viele Bedeutungen haben: Sie können ihn freundlich anschauen, einladend oder auffordernd. Ihr Blick kann signalisieren, dass etwas ernst gemeint ist, zum Beispiel, wenn Sie sauer über ein rüpelhaftes oder aufsässiges Verhalten sind. Ihr Blick kann aber auch Unsicherheit ausdrücken. Setzen Sie Ihren Blick daher in der Kommunikation mit dem Hund ganz bewusst ein. Die meisten Hunde verstehen das oder lernen es schnell. Der gezielt eingesetzte Blickkontakt vermeidet außerdem unerwünschte Resultate wie diese: Ein Jogger läuft an Ihnen und Ihrem Hund vorbei. Zuerst schauen Sie den Jogger an, dann Ihren Hund und schließlich wieder den Jogger – weil Sie vielleicht befürchten, dass der Vierbeiner ihm hinterherläuft. Bei Ihrem Hund kann diese Jogger-Hund-Jogger-Blickfolge als Aufforderung ankommen. Und dann läuft er ihm tatsächlich hinterher, obwohl er es eigentlich überhaupt nicht vorhatte. Blicken Sie deshalb irgendwo anders hin, nachdem Sie einen Jogger oder Radfahrer gesehen haben. So signalisieren Sie Ihrem Hund, dass Sie

INFO DER KÖRPER-CHECK IN EIGENER SACHE

Trotz bester Absicht, ihrem Hund über die eigene Körpersprache Souveränität zu vermitteln, verfallen viele Hundehalter oft wieder in alte Verhaltensmuster. Wenn Sie das Gefühl haben, dass beim Training mit Ihrem Hund oder in einer Alltagssituation irgendetwas nicht passt, kann der Körper-Check in eigener Sache sehr hilfreich sein: »Stehe ich aufrecht, oder beuge ich mich über meinen Hund? Fixiere ich unbewusst den Jogger, Radfahrer oder den fremden Hund?« Selbst kleinste Veränderungen schaffen schnell eine stressfreiere Lernsituation.

den Jogger zwar registriert haben, ihn aber als uninteressant und ungefährlich einstufen. Das gleiche Blickverhalten gilt für Begegnungen mit fremden Hunden, um zu signalisieren, dass die für Sie »völlig in Ordnung« sind. Aus den Augenwinkeln behalten Sie die Situation natürlich trotz allem im Blick, um unliebsame Entwicklungen rechtzeitig mitzubekommen und entsprechend reagieren zu können.

Der Ton macht die Musik

Ihr Hund hat nicht nur ein außergewöhnliches Hörvermögen, er registriert auch feinste Veränderungen der Tonlage. Mit Ihrer Stimme können Sie ihm daher gut signalisieren, wann er etwas richtig gemacht und wann er sich danebenbenommen hat. Brüllen und Anschreien wirken auf Hunde eher unsouverän. Und auch ein Wortschwall kommt nicht gut an, der verwirrt den Vierbeiner in der Regel nur. Geben Sie Ihre Signale grundsätzlich mit leiser Stimme, das zwingt Ihren Hund zum Zuhören. Wenn Sie ihn in seinem Tun bestärken wollen, sprechen Sie freundlich, und wenn Sie etwas nicht möchten, sprechen Sie leise, aber streng – und wirklich nur in dem Moment, da er sich falsch verhält. Allerdings ist es oft gar nicht notwendig, viel mit dem Hund zu reden, denn Sie können sich auch ohne Worte sehr gut mit ihm verständigen.

FALSCH UND RICHTIG: RICHTUNGSWEISENDER BLICK

2

1 Der Hund soll sich neben sein Frauchen setzen. Zur Aufforderung auf den Oberschenkel klopfen und den Hund dabei anschauen. Doch er versteht offensichtlich nicht, was von ihm erwartet wird. Der Blick des Menschen ist nicht richtungsweisend, sondern ruht nach der Aufgabenstellung weiterhin auf dem Hund. Auf den Vierbeiner wirkt dieses Verhalten unschlüssig und für eher unsichere Hunde vielleicht sogar bedrohlich.

2 Auch auf diesem Foto steht die Halterin aufrecht vor ihrem Hund und klopft sich seitlich auf den Oberschenkel. Dieses Mal schaut sie jedoch genau dorthin, wo ihr Schüler sich hinsetzen soll. Der Hund bewegt sich daraufhin aus einem »Sitz« vor der Halterin an ihre Seite. Hier gibt der Blick des Menschen die gewünschte Richtung vor: »Komm an meine Seite!« In vielen ähnlichen Situationen wirkt ein lenkender Blick Wunder.

Die richtigen Signale geben

Beim Üben können Sie den Hund mit Ihrem Blick unterstützen. Schaut er Sie in Erwartung der neuen Aufgabe aufmerksam an, erwidern Sie freundlich den Blickkontakt. Anschließend lassen Sie Ihren Blick bei der Signalgabe dorthin wandern, wo Ihr Hund die Aufgabe ausführen soll. Bei »Platz« schauen Sie also vor dem Hund auf den Boden. Wenn er um einen Gegenstand herumgehen soll, blicken Sie auf das Objekt.

Signale für ängstliche Hunde Mit Ihrer Unterstützung kann ein ängstlicher Hund seine Angst Schritt für Schritt abbauen. Vermitteln Sie ihm, dass Sie für ihn da sind, jedoch mit den richtigen Hilfestellungen. Ihre nonverbale Kommunikation mit ihm ist dabei ein sehr wichtiges Instrument. Achten Sie ganz genau auf die Signale, die Ihnen der Hund sendet, und setzen Sie Ihre Körpersprache sehr bewusst ein.

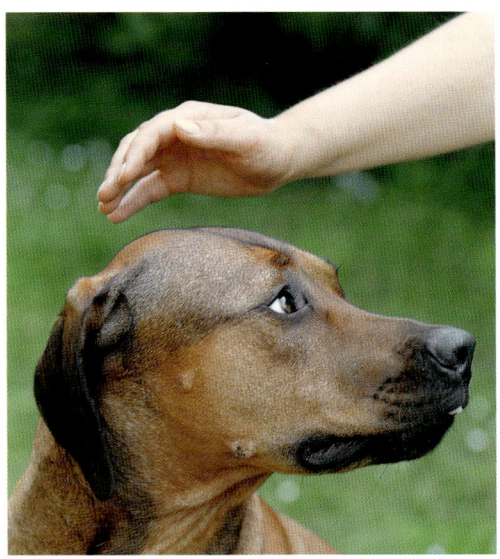

Dieser Hund beschwichtigt. Angelegte Ohren, der Blick von unten nach oben und leichtes Züngeln zeigen, dass ihm die Hand über seinem Kopf unangenehm ist.

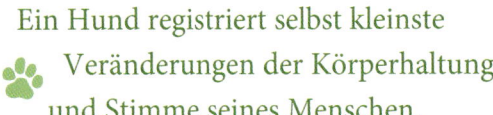 Ein Hund registriert selbst kleinste Veränderungen der Körperhaltung und Stimme seines Menschen.

▶ Bleiben Sie ruhig und souverän und lassen Sie sich nicht aus der Ruhe bringen. Mit Ihrer Körpersprache können Sie dem Hund signalisieren, wie harmlos ein in seinen Augen bedrohlicher Gegenstand oder eine entgegenkommende Person tatsächlich sind: Wenden Sie sich dazu von dem Angstobjekt leicht ab, statt sich frontal zu ihm zu stellen. Die Körperdrehung unterstreicht die Nichtbeachtung und sagt Ihrem Hund: Für meinen Menschen ist das Ding unwichtig, also kann es auch nicht so gefährlich sein.

▶ Gehen Sie betont langsam und signalisieren Sie so völlige Entspannung. Schnelles Laufen könnte Ihr Hund als Flucht interpretieren, vor allem, wenn er vor Ihnen läuft oder an der Leine zieht.

▶ Versuchen Sie Ihren Hund nicht zu etwas hinzulocken, vor dem er Angst hat. Damit würden Sie sein Misstrauen nur noch steigern: Warum reagiert mein Mensch ausgerechnet jetzt ganz anders, als ich es von ihm kenne? Da muss ja etwas ziemlich faul sein …

▶ Wenn Sie Ihren Hund mit einem Gegenstand vertraut machen wollen, bekunden Sie Ihr eigenes Interesse an diesem Objekt. Inspizieren Sie den Gegenstand beiläufig, ohne sich dem Hund zuzuwenden. Am besten gehen Sie dabei in die Hocke, was die meisten Hunde als Einladung zum Näherkommen betrachten. Überwindet Ihr Hund seine Zurückhaltung und nimmt den Gegenstand in Augenschein, reagieren Sie nicht darauf, sondern befassen sich weiter selbst mit dem Objekt. Ein für den Hund leicht erreichbar ausgelegtes Leckerli ist hilfreich. Dann stehen Sie einfach auf und gehen weiter, ohne Ihren Hund zu beachten. Ihre Beiläufigkeit sorgt dafür, dass der Gegenstand nicht mehr bedrohlich wirkt.

Sicht- und Lautzeichen
sind die Basis der Verständigung

Wort- und Handsignale sind die Grundlage der Verständigung mit dem Hund. Sie müssen so gestaltet sein, dass sie klar bei ihm ankommen. Er dankt es Ihnen mit seiner Kooperation.

Gut kombiniert

Sichtzeichen Visuelle Signale sind meist Handzeichen. Der Hund lernt sie in der Regel schneller als akustische Signale. Machen Sie ihn deshalb zunächst nur mit dem Sichtzeichen vertraut, wenn Sie mit ihm eine neue Übung erarbeiten.

Lautzeichen Hat der Hund das Handzeichen nach einigen Wiederholungen sicher gelernt, kommt das entsprechende Wortsignal dazu. Am besten verknüpfen kann Ihr Hund die beiden Signale, wenn Sie das neue Signal unmittelbar vor dem schon bekannten Handzeichen geben. Ideal sind Lautsignale, die aus einem oder zwei Worten bestehen. Achten Sie aber darauf, dass Sie für eine Übung immer das gleiche Signal oder die gleiche Signalkombination verwenden und das Kommandowort nur einmal geben, und zwar stets in ruhiger Tonlage.

Körpersprache kontrollieren Überprüfen Sie Ihre Körpersprache, wenn Sie das Gefühl haben, dass Ihre Anweisungen nicht so recht bei Ihrem Hund ankommen. Versuchen Sie, sich möglichst ruhig zu bewegen und jede Geste ganz deutlich auszuführen. Ist der Hund nicht bei der Sache, schalten Sie eine Aufmerksamkeitsübung (→ Seite 32) dazwischen. Setzen Sie das Training erst dann fort, wenn er sich wieder auf Sie konzentriert. Die akustischen und visuellen Signale kann man durch Haltung und Drehung des Körpers, durch Kopfbewegungen und eine bestimmte Blickrichtung unterstützen.

Auflösungssignal Für den Trainingserfolg ist die richtige Ausführung eines Signals entscheidend. Genauso wichtig ist es, das Signal am Ende der Übung aufzuheben. Wenn Ihr Hund zum Beispiel aus dem »Platz« wieder aufstehen darf, geben Sie ein Lautzeichen (etwa »Auf«), treten einen Schritt zur Seite und machen gleichzeitig eine einladende Handbewegung. Ihr Blick geht dabei vom Hund in die Richtung, in die Ihre Hand weist. Das Auflösen der Spannung während der Übung ist selbstbelohnend und braucht daher kein extra Leckerli.

Richtig kommunizieren: Bei aufrechter Körperhaltung, klaren visuellen Signalen und einem freundlichen Blick führt ein Hund seine Übungen sicher und gern aus.

Regeln für Ihren Hund stärken die Partnerschaft

KLARE REGELN GEBEN SICHERHEIT Schauen Sie sich Menschen und ihre Hunde einmal genauer an: Wirklich entspannt erleben wir die, die ohne viele Worte miteinander auskommen. Eine stressfreie Partnerschaft basiert darauf, dass der Hund weiß, welche Freiheiten und welche Grenzen er hat, weil sein Halter ihm die Freiräume durch eindeutige Regeln signalisiert. Für Mensch und Hund ist das ein Wohlfühlfaktor, der das Zusammenleben herrlich unkompliziert macht.

Ob zu Hause oder in der Natur: Mit Regeln schaffen Sie Ihrem Hund einen Lebens- und Bewegungsraum, in dem er sich nicht überfordert fühlt, sondern die Sicherheit findet, die er braucht. Als Rudeltier entspricht das genau seiner Veranlagung. Sie outen sich also nicht als zwanghafter Kontrollfreak, wenn Sie darauf achten, dass Ihr Vierbeiner die Regeln einhält, sondern es ist vielmehr ein Beweis dafür, dass Sie die Hundeseele verstanden haben.

Erfolgreich trainieren mit
liebevoller Konsequenz

Sie begleiten Ihren Hund auf seinem Lebensweg und sind der Reiseleiter – wenn er das akzeptiert, müssen Sie gar nicht viel an ihm herumziehen. Eine verlässliche Ordnung für den Benimm in der Wohnung und klare Regeln für draußen sind die Voraussetzungen, damit Sie und Ihr vierbeiniger Partner bestens miteinander auskommen.

Regeln für drinnen

Jetzt ist Spielzeit Anfang und Ende der gemeinsamen Aktivitäten gibt in aller Regel der Mensch vor – ob Spiel oder Kuschelrunde. Ignorieren Sie es stets, wenn Ihr Hund winselnd, bellend oder mit rüpelhaftem Verhalten seine Wünsche durchzusetzen versucht. Laden Sie ihn andererseits zur Spiel- oder Schmuserunde ein, wenn er es gar nicht erwartet. Auf diese Weise sichern Sie sich seine volle Aufmerksamkeit. Das heißt wiederum nicht, dass Sie nicht auf angemessene Schmuse- oder Spielanregungen von seiner Seite eingehen dürfen. Machen Sie es vom Verhalten Ihres Hundes abhängig: Kennt er seine Position genau, können Sie gelegentlich seinen Aufforderungen nachgeben. Testet er jedoch aus, wer das Sagen im Haus hat, dann auf keinen Fall!

Ressourcen verwalten In jedem Hundehaushalt sammelt sich mit der Zeit eine Menge Spielzeug für den Vierbeiner an – vom alten Fußball bis zum Tüftelbrettspiel aus dem Fachhandel. Das ist gut so, denn Hunde sind intelligent und wollen beschäftigt sein. Nutzen Sie diese Ressourcen zur Motivation, Belohnung und nicht zuletzt zur Stärkung der Beziehung zu Ihrem Hund. Voraussetzung sind klare Besitzverhält-

nisse zwischen Ihnen und ihm: Alles gehört Ihnen, Sie regeln Zugang und Verfügbarkeit, und Ihr Hund muss das Spielzeug auf Verlangen hergeben. Damit festigen Sie Ihre Chefposition im Team und erhalten den hohen Reiz des Spielzeugs. Liegt stets alles frei verfügbar herum, wird es für den Hund schon bald langweilig. Geben Sie ihm immer nur zwei bis drei Spielsachen und tauschen Sie diese ab und zu aus.

Ein gemütlicher Platz Ein Platz im Zentrum der Wohnung, wo ständig Trubel herrscht, eignet sich nicht als Stammplatz. Ruhe würde der Hund in der Hektik kaum finden. Wenn er dabei auch noch alle Türen und Fenster im Blick hat, käme das für ihn einem Bewachungsauftrag gleich, den er – obwohl nicht dazu aufgefordert – unter Umständen sehr ernst nehmen würde. An Ruhe und Schlaf wäre dann kaum mehr zu denken. Reservieren Sie ihm daher einen Platz, wo er sich geschützt fühlt und das Geschehen aus der Distanz mitverfolgen kann, wenn ihm danach ist.

Erlaubnis für Sofa und Sessel Dort wo mein Mensch sitzt, will ich auch sitzen: Sofa und Sessel sind begehrte Plätze für fast jeden Hund. Selbstbedienung ist aber grundsätzlich nicht angesagt, der Zugang ist vielmehr ein großes Privileg – wenn es denn überhaupt in Ihrem Sinne ist. Gestehen Sie Ihrem Hund den Vorzugsplatz nur dann zu, wenn er insgesamt guten Benimm zeigt,

Mit Nachdruck, wenn auch freundlich, fordert der Hund Aufmerksamkeit. Geben Sie ihm nicht immer nach.

frei ist von Angst- oder Aggressionsverhalten, in allen Lebenslagen gut auf Sie reagiert und zuverlässig gehorcht. So regeln Sie die Erlaubnis für Sessel und Sofa richtig: Ihr Hund darf rauf, wenn Sie es gestatten, und er muss runter, sobald Sie es wünschen. Legen Sie ihm eine Decke in eine Ecke des Sofas. Nur dort ist sein Platz, die übrige Sitzfläche bleibt tabu.

Etikette beim Essen Ihr Hund gibt Ruhe, bis serviert ist: Während Sie den Napf füllen, bellt und winselt er nicht und springt nicht an Ihnen hoch, sondern wartet geduldig und in gebührendem Abstand.

▸ Stellen Sie den Napf ab, treten zwei Schritte zurück und geben das Futter nach Blickkontakt mit einem Wortsignal wie »Du darfst« und einer einladenden Handbewegung frei. Ist der Hund zu ungestüm, nehmen Sie die Futterschüssel auf Brusthöhe und warten, bis er sich von selbst hinsetzt. Steht er auf, bevor Sie den Napf abgestellt haben, nehmen Sie diesen wieder hoch. Wiederholen Sie das, bis Ihr Hund verstanden hat, dass er sein Fressen nur bekommt, wenn er sich geduldet. Klappt das nach zehn Minuten noch nicht, brechen Sie ab. Füttern Sie die Ration beim nächsten Spaziergang aus der Hand.

▸ Fordert er seine Mahlzeit lautstark und frech ein, wandert der Napf in den Schrank, und Sie gehen weg, ohne den Hund weiter zu beachten. Starten Sie einen neuen Versuch, sobald er sich einige Zeit ruhig verhalten hat.

▸ Knurrt Ihr Hund Sie an, wenn Sie ihm beim Fressen zu nahe kommen, trainieren Sie mit ihm die Lektion »Er bedroht mich, wenn ich ihm beim Fressen zu nahe komme« (→ Seite 73).

Benimm bei Tisch Für die einen beginnt Betteln (→ Seite 103) erst, wenn die Hundeschnauze auf dem Tisch oder auf dem Oberschenkel des Essenden liegt, für andere schon, wenn der Vierbeiner sehnsüchtige Blicke auf die Leckereien wirft. Stellen Sie klare Regeln auf, an die sich die ganze Familie und auch Ihre Besucher halten.

Anfassen lassen Ihr Hund muss Berührungen von Ihnen grundsätzlich zulassen. Das ist wichtig für gegenseitiges Vertrauen und Sicherheit – und auch für Erste Hilfe. Wenn das ein Problem ist, dann üben Sie einfühlsam mit ihm. Wählen Sie einen ruhigen Platz, halten Sie eine Schale mit tollen Leckerlis bereit. Nun streichen Sie einmal sanft über eine Körperstelle des Hundes, wo er es relativ stressfrei akzeptiert. Tut er das, loben und belohnen Sie ihn mit einem Leckerli. Wiederholen Sie das drei- bis viermal. Fortsetzung erst am nächsten Tag: Wieder über die Stelle streichen; wenn er das akzeptiert, wandert die Hand ein Stückchen weiter. Trainieren Sie auf diese Weise, bis er sich überall stressfrei anfassen lässt. Auch beim Tierarzt muss er sich in Ihrer Gegenwart ruhig behandeln lassen.

Richtig begrüßen Wenn es an der Tür klingelt, stehen viele Hunde schon in vorderster Reihe, um die Besucher zuerst zu begrüßen. Die sind von dieser vermeintlichen Wertschätzung häufig so gerührt, dass sie prompt falsch reagieren: mit einem großen Hallo für den Vierbeiner und erst danach mit der Begrüßung von Herrchen und Frauchen …

Das Resultat ist vorhersehbar, weil der Hund den Ablauf so interpretiert: In der Familie komme immer erst ich, ich bin die Nr. 1! Das aber ist eine Rolle, der auf Dauer kein Vierbeiner gewachsen ist. Verabreden Sie mit Ihren Gästen künftig eine andere Reihenfolge: Erst begrüßen sich die Zweibeiner in aller Ruhe, der Hund wird dabei überhaupt nicht beachtet. Nur wenn er sich unaufdringlich verhält, kann er auch vom Besucher begrüßt werden.

Anspringen – nein danke! Ob zu Hause oder beim Spaziergang: Dulden Sie nicht, dass Ihr Hund an Besuchern oder Fremden hochspringt – auch wenn es freundlich gemeint ist. Jeder Hund kann lernen, Begeisterung so auszudrücken, ohne dabei aufdringlich zu werden (→ Aus lauter Freude springt er alle Menschen an, Seite 54).

Rüpelhaftes Anspringen ist tabu, auch wenn es in bester Spiellaune erfolgt. Machen Sie das Ihrem Hund jedes Mal klar, sobald er den Versuch dazu startet.

Regeln für draußen

Regie führen Beim Spaziergang darf ein Hund nicht nach der Devise handeln: »Hier bin ich in meinem Element, also bestimme ich, wo es langgeht.« Achten Sie darauf, dass er seine Aufmerksamkeit möglichst oft Ihnen und nicht nur Dingen widmet, die seine Nase interessieren. Dazu gehört auch, dass er an der lockeren Leine läuft. Dann nämlich achtet er auf Ihr Tempo und Ihre Körperhaltung, um zu erkennen, wohin es geht. In »Spazierengehen ist Stress, weil er ständig an der Leine zerrt« (→ Seite 51) lesen Sie, wie die lockere Leine zur Selbstverständlichkeit wird.

Vernünftiger Radius Gönnen Sie Ihrem Hund die Freiheit, ohne Leine zu laufen, wenn es in Ihrem Spaziergebiet erlaubt ist und wenn er diese Freiheit nicht als grenzenlos interpretiert: Auch gut erzogene Hunde sollten sich nicht außer

Die richtigen Rahmenbedingungen

▶ Die ideale Zeit fürs Training ist eine entspannte Situation für Hund und Mensch. Eile, Ungeduld oder starke Emotionen wie Verzweiflung oder Wut sind keine guten Rahmenbedingungen und gefährden oder verhindern den Trainingserfolg. Die Übungen dauern selten länger als fünf bis maximal zehn Minuten. Planen oder notieren Sie vorher jeden Übungsschritt und spielen Sie in Gedanken auch die möglichen Reaktionen Ihres Hundes durch. Üben Sie nicht zu häufig hintereinander: Zwei oder drei Wiederholungen sind fast immer ausreichend. Ist alles richtig gelaufen, hören Sie mit diesem Top-Ergebnis auf – selbst dann, wenn es gleich beim ersten Versuch gut geklappt hat. Denn so verinnerlicht Ihr Hund diesen optimalen Übungsablauf und ist für spätere Wiederholungen bestens motiviert.

▶ Damit Ihr Hund Regeln begreift und beachtet, braucht er Anleitung: Bleiben Sie konsequent und lassen Sie keine Ausnahmen zu. Nachgiebigkeit kann den bisher erreichten Trainingserfolg schnell infrage stellen. Denn Ihr Hund erkennt dann, dass er nur lange genug quengeln muss, bis Sie klein beigeben.

Mit dem, was vor der Haustür passiert, ist der Hund oft überfordert. Den Job des »Aufpassers« sollten Sie übernehmen und ruhig und souverän vorausgehen.

Sichtweite entfernen, sondern einen Radius von 10–20 Metern (erwachsene Hunde) beziehungsweise 7–8 Metern (Welpen und Junghunde) einhalten. Missachtet Ihr Hund diese Grenze, ist ständiges Rufen kontraproduktiv – bald hört er nicht mehr hin. Trainieren Sie den akzeptablen Radius mit System (→ Seite 42 ff.).

Spielzeug nicht als Dauerleihgabe Lassen Sie Ihren Hund unterwegs nicht ständig mit seinem Spielzeug in der Schnauze herumlaufen, sondern setzen Sie es für ein Spiel oder eine Aufgabe ein und nehmen es dann wieder an sich. Ansonsten beschäftigt er sich nicht genug mit anderen Hunden, es kann zu Streit mit Artgenossen um das Spielzeug kommen, und wenn das Objekt auf die Straße rollt, wird es schnell gefährlich. Steht es immer zur Verfügung, eignet es sich darüber hinaus auch nicht mehr als wichtige Ressource, weil es für den Hund an Reiz verliert.

TIPP KNIGGE FÜRS AUTO

Ihr Hund darf stets nur mit Ihrer Erlaubnis aus dem Auto springen. Das gehört nicht nur zum guten Benehmen, sondern vermeidet auch Gefahrenmomente, weil er sonst eventuell unkontrolliert auf die Straße läuft, Passanten erschreckt oder mit anderen Hunden Ärger anfängt. Leinen Sie ihn daher grundsätzlich vor Verlassen des Wagens an, selbst wenn er kurz darauf frei laufen darf.

GRENZEN SETZEN:
WAS DARF ER UND WAS NICHT?

Mit positiver Verstärkung erreicht man viel beim Hund, aber nicht alles. Grenzen sind wichtig, damit er weiß, was erlaubt ist und was nicht. Als Halter geben Sie ihm einen klar erkennbaren Handlungs- und Reaktionsrahmen vor – und müssen dann wirksame Maßnahmen ergreifen, wenn er dessen Grenzen einmal missachtet.

Bis hierher und nicht weiter: die wirksamsten Maßnahmen

Ignorieren Den Hund wie Luft zu behandeln, hört sich zuerst einmal sehr passiv und wenig erfolgversprechend an. Doch Ignorieren erweist sich bei bestimmten Aktionen Ihres Hundes als außerordentlich wirkungsvoll. Etwa wenn er ständig nörgelt und drängelt, weil er Leckerlis haben oder mit Ihnen spielen will, obwohl Sie anderweitig beschäftigt sind. Ignorieren Sie ihn, damit er lernt, dass er seinen Willen nicht durchsetzen kann: Schauen Sie ihn nicht an, fassen Sie ihn nicht an und sprechen Sie nicht mit ihm. Dieses absolute Nicht-Reagieren sagt dem Hund klipp und klar »Jetzt nicht und so nicht«. Konsequent angewendet, versteht und akzeptiert Ihr Hund schnell, was Sie von ihm erwarten. Setzen Sie das Ignorieren aber nicht ständig ein, denn gerade für sensible Vierbeiner stellt es eine einschneidende Erfahrung dar.

Abbruchsignal Ihr Hund bellt den Nachbarn an oder verfolgt Jogger. Mit Ignorieren erzielt man hier keinen Erfolg, im Gegenteil, es würde den Übeltäter eher noch in seiner Aktion bestärken. Hunde empfinden Jagen und Verbellen als lustvoll und selbstbelohnend. Je länger und öfter Sie Ihren Vierbeiner gewähren lassen, desto selbstverständlicher wird er sich dieses Vergnügen gönnen. In solchen Fällen ist ein Abbruchsignal notwendig. Beispiel: Sie spielen mit Ihrem Hund und er wird zu wild. Sagen Sie dann deutlich zum Beispiel »Schluss!«. Hört er nicht auf der Stelle auf, brechen Sie das Spiel ab, verlassen den Raum und kommen erst einige Minuten später zurück. Reagiert er nun friedlich und begrüßt Sie freundlich, sagen Sie knapp »Alles okay« und machen kein Aufheben mehr um die Sache. So lernt Ihr Hund, dass der Spaß endet, wenn er nicht auf Ihr Abbruchsignal reagiert.

Körperlich begrenzen Körperliche Begrenzung bedeutet selbstverständlich nicht, dass der Hund geschlagen oder ähnlich gezüchtigt wird. Auch der Einsatz von Würge- oder Stachelhalsbändern ist tabu – und sollte es generell schon längst sein. Hier geht es vielmehr darum, den Hund durch gezielten Körpereinsatz in seine Schranken zu weisen. Das kann sinnvoll und erfolgreich sein, wenn er Sie aus Trotz oder Unmut anspringt. Eine abrupte Körperwendung zu dem Flegel hin, einen oder zwei entschlossene Schritte auf ihn zu, eventuell auch eine kurze Berührung mit dem Bein, und alles mit entsprechend ernstem Blick – das zeigt ihm unmissverständlich, dass Sie ein solches rüpelhaftes Verhalten grundsätzlich nicht dulden. Natürlich achten Sie dabei darauf, den Hund nicht versehentlich zu treten oder ihm anderweitig Schmerzen zuzufügen. Lassen Sie sich die Körpertechnik am besten von einem Profi zeigen.

Wichtig Wenden Sie die Methode nicht an, wenn Sie befürchten, dass Ihr Hund Sie beißt.

Mit diesen Strategien bald ein souveränes Team

STRATEGIEN FÜR DEN ALLTAG Helfen Sie Ihrem Hund, neue Verhaltensmuster zu erlernen, die es ihm erleichtern, seine Umwelt konfliktfrei und ohne Stress wahrzunehmen und zu bewältigen. Die vier grundlegenden Strategien basieren auf überschaubaren Übungen, die dem Hund in bestimmten Situationen die bestmöglichen Lösungen anbieten. Dazu zählen Splitten, Bogengehen, das Vergrößern der Distanz und die Aufmerksamkeitsübung.

Wichtige Voraussetzungen sind konsequentes Anwenden sowie Lob und Belohnung für Ihren Schüler selbst bei kleinsten Trainingserfolgen. Wappnen Sie sich mit Geduld, wenn ein tief verankertes Problemverhalten doch einmal etwas mehr Durchhaltevermögen erfordert. Und lassen Sie sich nicht von Hundehaltern beirren, die für Ihre Trainingsmethoden vielleicht kein Verständnis aufbringen. Wenn Sie erklären, worum es geht, gewinnen Sie schnell Verbündete.

Trainings- und Verhaltenstipps,
die den Alltag erleichtern

Im Alltag mit Ihrem Hund wird es immer wieder einmal Situationen geben, bei denen er unter Stress gerät, sei es durch Artgenossen, andere Menschen oder Umweltreize – unabhängig davon, ob Ihr Vierbeiner zu den souveränen Typen gehört, gerne einmal aufbraust oder sich leicht verunsichern lässt. Vermeiden lassen sich solche Situationen nicht immer, doch Sie können Ihrem Hund Lösungen anbieten, damit er gelassener mit ihnen umgeht.

Vier Wege für ein harmonisches Miteinander

Die hier beschriebenen Lösungsmöglichkeiten sind grundsätzliche Strategien. Sie sollten sie Ihrem Hund immer anbieten, ganz unabhängig davon, ob er Stress in einer bestimmten Situation hat oder nicht. Warten Sie also nicht, bis Stress entsteht, sondern machen Sie dem Vierbeiner rechtzeitig ein Lösungsangebot, damit er sich souverän zeigen kann. Auch Ihre Mitmenschen werden es Ihnen danken, wenn sie sehen, dass Sie Ihren Hund unter Kontrolle haben. Unbedingt notwendig sind die Strategien, wenn der Hund in bestimmten Situationen kein adäquates Verhalten kennt oder es nicht einsetzt. Wurde er zum Beispiel nicht genügend im Umgang mit anderen Hunden sozialisiert, versteht er die Sprache seiner Artgenossen nicht richtig und zeigt deswegen ein unangepasstes Aggressions- oder Angstverhalten.
Oder Ihr Hund hat es sich angewöhnt, auf eine ganz bestimmte Art und Weise zu reagieren: Vielleicht hatte er bisher immer Erfolg damit, wenn er andere Hunde bedroht, oder es macht ihm einfach Spaß, an Passanten hochzuspringen, jedes vorbeifahrende Auto lauthals zu verbellen oder hinter Joggern herzujagen.

Langsam aufbauen Üben Sie jede dieser vier Strategien erst einmal für sich in entspannter Atmosphäre, also nicht in einer akuten Situation. Auf diese Weise lernen Sie das Handling in aller Ruhe und bekommen Routine. Je nach Situation können die Strategien dann auch miteinander kombiniert werden.

AUF EINEN BLICK

Trainingsziel

Mit den Trainingsstrategien bieten Sie Ihrem Hund die Möglichkeit, auch in stressigen und komplexen Situationen gelassen zu bleiben. Die Strategien vermitteln dem souveränen Hund, wie er seine selbstsichere Haltung bewahrt, und sie zeigen dem unsicheren oder aggressiven Vierbeiner, wie er neue, sozial verträgliche Verhaltensmuster lernen kann. Als Halter bleiben Sie entspannt und geben Ihrem Hund zusätzlich Sicherheit.

Hilfsmittel

Leckerlis, Leine und eventuell Schleppleine mit Brustgeschirr, in besonderen Fällen auch ein Maulkorb.

Tipps und Trainingszeiten

Üben Sie mehrmals pro Woche. Achten Sie darauf, Ihren Hund nicht zu überfordern.

Souverän und gelassen Gehen Sie bei allen Strategien aufrecht und bleiben Sie immer ruhig und gelassen. Nehmen Sie in Stresssituationen das Tempo raus und gehen Sie langsam – fast so, als wäre Ihnen langweilig. Schauen Sie dabei nicht vom Stressauslöser zu Ihrem Hund und wieder zurück. Verhalten Sie sich so, als ob alles selbstverständlich und beiläufig passiert. Ihr Hund soll nicht den Eindruck haben, dass es sich um eine Übung handelt, sondern es als normales Verhalten empfinden.

Splitten

Splitten ist eine Methode, die vom Verhalten der Hunde abgeschaut wurde. Unsichere Hunde nehmen gern einen souveränen Artgenossen oder ihren Besitzer als Schutz vor einem Angst auslösenden Objekt. Splitten können Sie immer dann, wenn Sie verhindern wollen, dass der Hund jemandem zu nahe kommt, etwa einem

Frontales Aufeinanderzugehen gilt unter Hunden als Bedrohung. Bieten Sie auch einem selbstbewussten Hund immer einen leichten Bogen an.

Fußgänger, oder wenn Sie ihn vor etwas schützen wollen, das er fürchtet, beispielsweise den Müllwagen. Die Strategie lässt sich im Alltag einfach und schnell anwenden: Sie haben Ihren Hund an der Leine. Auf einem schmalen Weg passieren Sie einen anderen Hundebesitzer. Damit beide Hunde stressfrei aneinander vorbeigehen können, nehmen Sie Ihren Hund auf die abgewandte Seite. Damit befinden Sie sich zwischen beiden Hunden und »splitten«, bieten Ihrem Vierbeiner also Schutz. Am besten üben Sie den Seitenwechsel so: In einer ruhigen Situation (ohne anderen Hund) führen Sie den Hund hinter Ihrem Körper herum (beim Wechsel von rechts nach links belohnen Sie aus der linken Hand und umgekehrt). Ein Wortsignal (»Geh rechts« – »Geh links«) kommt erst hinzu, wenn das Wechseln problemlos klappt.

Bogengehen

Bogengehen dient in der Kommunikation unter Hunden dazu, Konflikte zu vermeiden und ein freundliches Verhalten zu signalisieren, zum Beispiel, wenn ein unbekannter Hund oder Mensch entgegenkommt. Gehen Sie in der Anfangszeit mit Ihrem Hund nur dort spazieren, wo Sie die Strategie sinnvoll einsetzen können. Also nicht auf engen Wegen ohne Ausweichmöglichkeiten oder in Gebieten, wo mit vielen stressauslösenden Reizen zu rechnen ist und Bogengehen zum Dauerslalom ausarten würde.

▶ An der Seite des Menschen hat der Hund nicht immer die Möglichkeit, im Bogen zu gehen, weil er entweder angeleint ist oder es gelernt hat, seinem Besitzer nicht von der Seite zu weichen. Bieten Sie Ihrem Hund diese Technik in leichter Form und mit kleinem Bogen regelmäßig an. In brenzligen Situationen wird der Bogen den Begebenheiten angepasst und ausgeweitet.

▶ Der Bogenlauf hat den Sinn, dem Hund aus sicherer Entfernung ein alternatives Verhalten zu ermöglichen – nämlich Gelassenheit statt Furcht oder Aggression.

Dazu ein Beispiel Ihr Hund fürchtet sich vor anderen Menschen. Um ihm zu zeigen, dass Menschen ungefährlich sind, gehen Sie mit ihm im großen Bogen um alle Personen herum, die Ihnen begegnen. Nehmen Sie ihn dafür an die Leine oder nehmen Sie die Schleppleine auf (→ Seite 45). Beginnen Sie den Bogen rechtzeitig und wählen Sie die Distanz zu den Passanten so groß, dass Ihr Hund keinerlei Stress zeigt. Trotzdem nimmt er die Menschen wahr und macht nun – aus sicherer Entfernung – die Erfahrung, dass ihm nichts geschieht. Wenn sich dieses positive Erlebnis mehrmals wiederholt (→ Mein Hund fürchtet sich vor fremden Menschen, Seite 87), überlagert es nach und nach frühere, womöglich schlechte Erfahrungen mit Menschen oder eine Unsicherheit, die eventuell auf ungenügende Sozialisation zurückgeht.

▶ Wenn Ihr Hund auf Distanz völlig ruhig und gelassen bleibt, können Sie den Abstand in kleinen Schritten verringern. Funktioniert das gut, behalten Sie diese Bogendistanz für einige Zeit bei. Zeigt der Hund hingegen Stress, kam die Distanzverringerung noch zu früh. Dann kehren Sie zu einem Abstand zurück, der dem Hund wieder vollkommene Gelassenheit ermöglicht. Bogengehen funktioniert bei allem, was Ihren Hund aufregt oder vor dem er sich fürchtet.

HALLO, HIER SPIELT DIE MUSIK!

1 Sie wollen mit Ihrem Hund trainieren, doch der hat anderes im Kopf: Speziell junge Hunde lassen sich gern ablenken. Hat sich da etwas im Gras bewegt? Oder riecht es hier verführerisch? Und dann gibt es Vierbeiner, die erst einmal testen wollen, ob das wirklich sein muss mit der Übung …

2 Schalten Sie eine Aufmerksamkeitsübung ein. Dabei spielt Ihre Körpersprache eine wichtige Rolle: Rückwärtsgehend die Distanz vergrößern heißt »Folge mir«. Das sollten Sie zunächst in entspannter Situation üben: Nehmen Sie eine Hand mit Leckerlis auf den Rücken und gehen Sie rückwärts in die entgegengesetzte Richtung, die Ihr Hund einschlägt. Nimmt er Blickkontakt zu Ihnen auf, wird er belohnt. Beenden Sie die erste Übungseinheit nach drei Wiederholungen.

3 Ein aufmerksamer Hund führt jede gewünschte Übung entspannt und zuverlässig aus.

Distanz vergrößern

Distanz vergrößern bedeutet: Sie drehen sich um und verlassen die stressauslösende Situation – zügig, aber souverän und ohne Hektik. Die Methode bewährt sich dann, wenn Sie beispielsweise mit Ihrem Hund einer schwierigen Situation nicht rechtzeitig ausweichen konnten, wenn er Angst hat oder Ihnen jemand entgegenkommt, den Ihr Hund wahrscheinlich anbellt. Vermeiden Sie, vor dem Stressauslöser herzulaufen, weichen Sie lieber in eine Seitenstraße aus oder wechseln Sie die Straßenseite. Bietet sich in einer unvorhersehbaren Situation auf die Schnelle jedoch keine Möglichkeit, auf Distanz zu gehen, bleibt immer noch Splitten (→ Seite 30) als Alternative.

Aufmerksamkeitsübung

Diese Übung hat den Sinn, die Aufmerksamkeit Ihres Hundes ganz zu sich zu holen. Denn nur

Splitten: Nehmen Sie Ihren Hund vor einem Objekt, das ihm nicht ganz geheuer ist, auf die abgewandte Seite, um ihm dadurch Schutz und mehr Sicherheit zu geben.

dann wendet er seine Aufmerksamkeit nicht mehr einem Objekt zu, vor dem er sich womöglich fürchtet, auf das er aggressiv reagiert oder das er jagen will. Die Aufmerksamkeitsübung fördert auch die Konzentration des Hundes, wenn Sie zum Beispiel mit ihm trainieren wollen, er aber abgelenkt und mit seinen Gedanken ganz woanders ist (→ Foto, Seite 31).

▶ Wichtig beim Anti-Angst-, Anti-Jagd- oder Anti-Aggressionstraining: Hier macht eine Aufmerksamkeitsübung nur Sinn, wenn der Hund sich noch nicht völlig in dem unerwünschten Verhaltenskontext befindet, sondern erst einen leisen Ansatz dazu zeigt, zum Beispiel, wenn er beginnt, ein Jagd-, Angst- oder Aggressionsobjekt anzustarren. Es hilft jedoch in der Regel nichts mehr, wenn er vor lauter Furcht schon ein zitterndes Häufchen Elend ist, sein Jagdobjekt bereits verfolgt oder lauthals Artgenossen oder den Postboten verbellt. Es ist also ganz entscheidend, dass Sie die Aufmerksamkeit Ihres Hundes immer rechtzeitig auf sich lenken.

▶ Üben Sie zu Beginn »trocken«, also ohne eine Situation, die Ihren Hund ablenkt. So begreift er am besten, was Sie von ihm wollen. Sie lernen dabei den Ablauf und wie Sie sich bewegen müssen, damit der Hund die Übung gut ausführt.

▶ Wiederholen Sie die Aufmerksamkeitsübung zwei- bis dreimal am Tag mit jeweils vier bis fünf Leckerlis. Falls Sie die Übung in eine Trainingsaufgabe einbinden wollen, um Ihren Hund zu konzentrierter Mitarbeit zu bewegen, führen Sie die Aufmerksamkeitsübung zunächst einige Male ohne die eigentliche Trainingsaufgabe durch, bis alles perfekt läuft. Erst wenn es fast automatisch klappt, schließen Sie das normale Training an.

Und so geht's Ihr Hund ist an der Leine. In der einen Hand haben Sie die Leine, in der anderen vier bis fünf Leckerlis; die Hand mit den Leckerlis halten Sie auf dem Rücken.

▶ Gehen Sie ruhig rückwärts und dabei immer in die andere Richtung, die Ihr Hund wählt – ohne etwas zu sagen. Allmählich begreift der Vierbeiner, was Sie von ihm wollen. Das erkennen Sie daran, dass er schließlich an lockerer Leine in Ihre Richtung mitgeht und meist auch bis auf Ihre Brusthöhe zu Ihnen hochschaut.

▸ Ihr Ziel ist es natürlich, dass Ihr Hund wirklich Blickkontakt mit Ihnen aufnimmt – und nicht etwa nur auf Ihren Arm schaut, in Erwartung der Leckerlis, die von dort demnächst angeboten werden. Sobald er Ihnen in die Augen schaut, gibt es ein großes Lob und die Futterbelohnung aus der Hand hinter dem Rücken.

Wichtig Sprechen Sie den Hund nicht an, um ihn zu sich zu locken. Folgt er nicht freiwillig, wenn Sie rückwärtsgehen, nehmen Sie ihn sanft, aber ohne zu rucken, an der Leine mit. Jeder Blickkontakt wird mit einem Leckerli belohnt.

▸ Zunächst üben Sie mit Ihrem Hund nur an der Leine. Später an der Schleppleine, speziell dann, wenn Jagd-, Angst oder Aggressionsprobleme Gegenstand des Trainings sind. Die Trainingssituation sollte anfangs möglichst einfach und überschaubar sein, mit dem jeweiligen Objekt auf große Distanz. Klappt das gut, verringern Sie die Entfernung schrittweise.

Strategien im Alltag

Wenn Sie Strategien einsetzen, um Ihrem Hund ein unerwünschtes Verhalten abzugewöhnen, gehen Sie stets auf Nummer sicher. Nehmen wir das Beispiel eines Hundes, der sich gegenüber fremden Menschen aggressiv verhält. Oberstes Gebot im Training ist die Sicherheit der beteiligten Personen. Darüber hinaus soll Ihr Vierbeiner natürlich kein weiteres Erfolgserlebnis für sein unerwünschtes Verhalten haben.

Sicherheit Sichern Sie Ihren Schüler mit Leine, Halsband, Kopfhalfter und eventuell Maulkorb (→ Seite 34). Bleiben Sie immer in genügend großer Distanz. Mit Hunden, die aggressiv auf andere Menschen reagieren, ist das Training hei-

kel. Die Sicherheit aller Beteiligten muss stets gewährleistet sein. Sprechen Sie sich mit einem Hundetrainer ab.

Vorausschauend Planen Sie den Übungsaufbau so, dass es möglichst nicht oder nur selten zu Rückschlägen kommt. Sie wollen Ihrem Hund beispielsweise beibringen, keine Enten zu jagen. Er ist aber noch nicht perfekt und kann den Wasservögeln nicht widerstehen. Solange er dieses Verhalten zeigt, gehen Sie nicht dort spazieren, wo es Enten gibt – außer bei den Übungen.

Beispiel An der Leine reagiert Ihr Hund aggressiv auf andere Hunde. Wählen Sie ein Übungsgelände, wo kein fremder Hund frei auf Sie zulaufen kann. Halten Sie zunächst gegenüber angeleinten fremden Hunden eine große Distanz ein

> Mit den Basis-Strategien wird Ihr vierbeiniger Begleiter gelassener und selbstsicherer.

und probieren Sie für sich aus, wie Sie unter Stressbedingungen Ihre Strategien anwenden können. Wenden Sie die Strategien situationsabhängig an, Sie können sie auch kombinieren:

▸ Vergrößern Sie die Distanz, wenn er Artgenossen anstarrt, oder bieten Sie ihm die Aufmerksamkeitsübung an, falls er noch nicht knurrt oder bellt (→ Er mag fremde Hunde nicht, provoziert sie und fängt Streit an, Seite 80).

▸ Sobald er sich entspannt, setzen Sie den Weg im Bogen fort und nehmen Ihren Hund auf die abgewandte Seite. Will er den anderen anstarren, drängen Sie ihn weg, bis er sich beruhigt.

▸ Verringern Sie die Übungsdistanz erst, wenn es auf große Entfernung ohne aggressives Verhalten funktioniert. Belohnen Sie Ihren Hund nur noch dann, wenn er das Objekt seines Missfallens ignoriert, weil er sonst verknüpft: fremden Hund anschauen – Besitzer anschauen – Leckerli.

EXTRA

HILFSMITTEL FÜR DAS
TRAINING MIT IHREM HUND

Mit der richtigen Ausstattung läuft alles leichter. Denn bei vielen Übungen kommen Sie mit Leine, Kopfhalfter, Schleppleine und Brustgeschirr stressfreier und auch deutlich schneller zum Ziel.

Gut ausgerüstet, gut vorbereitet

Leine Sie schützt vor Gefahr und ist im Training unverzichtbar. Beim Üben soll die Leine locker durchhängen. Dabei läuft der Hund in der Regel neben Ihnen, weil er sich so bestens an Ihnen orientieren kann.

Die Leine ist am Halsband befestigt, das schwarze Verbindungsstück verbindet Kopfhalfter und Leine.

Brustgeschirr Ein Brustgeschirr kommt zum Einsatz, wenn Sie mit Ihrem Vierbeiner ein Schleppleinen-Training (→ Seite 45) durchführen. Achten Sie darauf, dass es weich gepolstert ist, der Brustgurt keinen Druck auf den sensiblen Halsbereich ausübt und der Bauchgurt auf den Rippen aufliegt. Bei kleinen Hunden mindestens zwei bis drei Finger von der letzten Rippe weg, bei großen eine Handfläche breit entfernt.

Schleppleine Sie wird ausschließlich am Brustgeschirr befestigt. Wie das Schleppleinen-Training funktioniert, lesen Sie auf Seite 45.

Spielzeug Damit lassen sich die meisten Hunde motivieren. Stupides Ballwerfen vermeiden: Es belastet vor allem bei jungen Hunden die Gelenke und kann das Jagdverhalten fördern.

Maulkorb Hundehalter sind verpflichtet, dafür zu sorgen, dass kein Lebewesen durch ihren Hund zu Schaden kommt. Wenn Sie befürchten, dass Ihr Hund beißt, legen Sie ihm in der jeweiligen Situation einen Maulkorb an (Gewöhnung wie Kopfhalfter). Der Maulkorb alleine verändert nicht das unerwünschte Verhalten. Im Zweifel nehmen Sie professionelle Hilfe in Anspruch.

Belohnung Testen Sie, mit welchen Leckerlis sich Ihr Hund fürs Training gewinnen lässt, und variieren Sie die Häppchen immer wieder mal. Je nach Konsistenz kauen Hunde oft lange darauf herum, das ist hinderlich. Bieten Sie dann zum Beispiel Leberwurst aus der Tube an.

Ein Kopfhalfter sinnvoll einsetzen

Das Kopfhalfter beim Hund ist vergleichbar mit einem Pferdehalfter. Das Halfter muss dem

Hund gut passen. Er darf es nicht abstreifen, muss aber trotzdem die Schnauze normal öffnen können. Und so gewöhnen Sie den Hund daran:

▸ Lassen Sie ihn am Halfter schnuppern.

▸ Spreizen Sie den Maulriemen des Halfters mit den Fingern und halten Sie ihn vor den Hund. Bieten Sie ihm von der anderen Seite des Riemens ein Leckerli an, sodass er mit der Schnauze hindurchschlüpfen muss, um es zu nehmen. Nach einigen Wiederholungen holt er sich das Leckerli ohne Zögern durch den Maulriemen.

▸ Bieten Sie ein größeres Leckerli an, das er nicht sofort schlucken kann. Während er kaut, legen Sie ihm den Halsriemen direkt hinter den Ohren an (nicht am Hals wie das Halsband) und schließen ihn. Zwischen Hals und Riemen sollten zwei Finger Platz haben, der obere Maulriemen darf sich nicht über die Nase ziehen lassen. Manchen Hunden ist das Anpassen direkt am Kopf unangenehm. Merken Sie sich den Punkt, bis zu dem Sie den Halsriemen verstellen müssen, nehmen das Halfter wieder ab, stellen die gewählte Weite ein und legen es dem Hund wie beschrieben an.

▸ Bieten Sie Ihrem Hund, während er das Halfter trägt, Leckerlis an und nehmen das Kopfhalfter dann endgültig ab. Fürs Abnehmen gibt es keine Belohnung. So verknüpft der Hund: Kopfhalfter = Leckerlis, kein Kopfhalfter = keine Leckerlis.

▸ Steigern Sie von Tag zu Tag die Dauer, die Ihr Hund das Kopfhalfter trägt. Meist lässt er es sich nach etwa einer Woche brav anziehen und trägt es problemlos eine Zeit lang.

▸ Lassen Sie Ihren Vierbeiner nie allein, solange er das Halfter trägt. Er könnte in Versuchung kommen, es mit der Pfote abzustreifen, und sich dabei an einer Kralle verletzen.

▸ Fürs Training brauchen Sie eine Leine, die im Abstand von zwei bis fünf Zentimetern zum Karabiner einen Ring besitzt. Leinen Sie Ihren Hund am Halsband an (nicht an einem Brustgeschirr). Zur Befestigung des Halfters braucht man ein kurzes Verbindungsstück mit zwei klei-

nen Karabinern, an jedem Ende einer. Einen befestigen Sie am Halfterring, den anderen am Leinenring. Das Verbindungsstück soll so lang sein, dass der Hund bei straffer Leine den Kopf ein kleines Stück zur Seite drehen muss. Bei einigen Kopfhalftern wird es bereits mitgeliefert. Wenn nicht, kann man es selbst basteln. Der Kopf des Hundes kann auf diese Weise nicht zu weit zur Seite gezogen werden, weil dann der Zug der Leine aufs Halsband einsetzt, was mögliche Verletzungen im Nackenbereich verhindert. Außerdem benötigen Sie mit diesem Verbindungsstück nur eine Leine und nicht zwei.

▸ Sobald Ihr Hund das Kopfhalfter akzeptiert, üben Sie damit die Leinenführigkeit (→ Seite 51) Versucht er es abzustreifen, erhöhen Sie den Zug auf die Leine etwas, lassen aber sofort locker, wenn er nachgibt. Belohnen Sie ihn am Anfang für jede positive Reaktion.

Praxishelfer für jeden Tag

Kapitel 2 Mit einfachen Schritt-für-Schritt-Anleitungen trainieren Sie die wichtigsten Strategien für häufige Alltagsprobleme.

Probleme an der Leine, beim Spaziergang und Freilauf

DER GUT ERZOGENE BEGLEITER Jeder Hundehalter wird mit einer verantwortungsvollen Aufgabe konfrontiert: Er soll seinen Vierbeiner zu einem ausgeglichenen, gut erzogenen Begleiter machen – und der soll dabei aber auch Hund sein dürfen! Angesichts vieler und oft widersprüchlicher Erziehungsmethoden ist die Verunsicherung groß: Was macht uns zum perfekten Mensch-Hund-Team? Wie vermeide ich Missverständnisse und Probleme? Wählen Sie eine Methode, die Ihnen schlüssig erscheint und gefühlsmäßig zusagt, weil sie weder Mensch noch Tier überfordert und natürlich ohne Strafen auskommt. Wechseln Sie nicht den Erziehungsstil, wenn eine Methode nicht gleich funktioniert. Bei einem Hund lassen sich etablierte Verhaltensweisen nicht von heute auf morgen ändern. Bleiben Sie konsequent. Dem Vierbeiner signalisieren Sie so Ihre Souveränität und Sicherheit – und er wird sich zunehmend an Ihrem Verhalten orientieren.

Mein Hund kommt selten sofort, **wenn ich ihn herbeirufe**

Auf Zuruf von Herrchen oder Frauchen sofort zu kommen, ist eine der schwierigsten Aufgaben für den Hund. Schließlich ist es draußen spannend, und es gibt viel zu erleben. Doch der Rückruf ist das wichtigste Kommando überhaupt. Er kann das Leben Ihres Hundes retten, wenn dieser sich einer viel befahrenen Straße oder Bahngleisen nähert. Das zuverlässige Befolgen des Rückrufs gehört aber einfach auch zur Grunderziehung und zum guten Benehmen dazu, denn nicht nur viele Hundehalter ärgern sich immer wieder über ungehorsame fremde Vierbeiner, die trotz der lauten Rufe des dazugehörigen Menschen ungestüm auf sie zurennen.

Warum es nicht klappt

▶ Der Rückruf wurde häufig nicht richtig eingeübt, oder es gibt gar kein festes Signal dafür. Mal heißt es »Komm«, dann wieder »Los jetzt« oder »Hierher«, und oft wird einfach sogar nur der Name des Hundes gerufen. Nicht selten ist er auch gar nicht als wirklicher Rückruf gemeint, sondern soll den Vierbeiner nur von einer unerwünschten Handlung abhalten. Für den Hund bleibt die Angelegenheit damit unklar: Was soll er denn nun eigentlich tun?

▶ Hunde reagieren stark auf Körpersprache – auch auf die des Menschen. Unbeabsichtigt gibt der Halter während des Rückrufs vielleicht Signale, die seinem Hund das prompte und vertrauensvolle Herankommen erschweren. Zum Beispiel abwartendes Anstarren, eine bedrohlich wirkende Körperhaltung mit auf die Hüften gestützten Armen oder wildes Gestikulieren, weil

der Hund zögert. Hat der Hund die Erfahrung gemacht, dass man ihn beim Zurückkommen ausschimpft, weil sein Mensch wegen des zögerlichen Herankommens wütend ist, wird ihn das beim nächsten Mal sicher kaum motivieren, schnell und auf direktem Weg zurückzulaufen.

▶ Das Umfeld kann sich auf das Verhalten des Hundes auswirken. Befinden sich in der Nähe des Halters andere Hunde, kann das den eigenen Vierbeiner hemmen, schnell heranzukommen. Auch andere Außenreize, etwa ein lauter und

AUF EINEN BLICK

Trainingsziel

Sie haben ein eindeutiges Rückrufsignal ausgewählt, auf das Ihr Hund ohne Zögern sofort zu Ihnen kommt. Er entfernt sich erst dann wieder von Ihnen, wenn Sie ihm die Erlaubnis dazu mit dem entsprechenden Auflösungssignal gegeben haben.

Hilfsmittel

Für das Rückruf-Training brauchen Sie Geschirr, Schleppleine und Leckerlis, eventuell auch eine Hundepfeife für ein alternatives Rückrufsignal.

Tipps und Trainingszeiten

Für den Aufbau eines neuen Rückrufsignals täglich bis 5-mal trainieren, dazwischen jeweils 1–2 Stunden Pause.
Planen Sie 5–6 Wochen Aufbautraining ein, bis Sie die ablenkenden Reize für Ihren Vierbeiner steigern können.

Furcht einflößender Mähdrescher, können den gerufenen Hund so verunsichern, dass er sich nicht traut, zu seinem Halter zu laufen.

▶ Wie steht es mit der Mensch-Hund-Beziehung? Nimmt der Hund seinen Halter nicht ernst, wird er dessen Ruf höchstens dann folgen, wenn ihm ohnehin gerade danach ist.

So coachen Sie Ihren Hund

Ans Rückrufsignal gewöhnen Entscheiden Sie sich für ein bestimmtes Rückrufsignal, zum Beispiel für »Hier«. Dieses Signal sollten Sie dann immer verwenden. Ihr Hund muss erst lernen, was Sie bei »Hier« von ihm erwarten. Da er im Moment noch nicht auf den Rückruf reagiert, sollten Sie ihn beim Spaziergang immer an der Schleppleine führen (→ Schleppleinen-Training, Seite 45 ff.), um ihn zu seinem und zum Schutz anderer unter Kontrolle zu halten und erfolgversprechend mit ihm trainieren zu können.

Damit Ihr Hund freudig herbeikommt, gehen Sie rückwärts und lassen dabei den Blick vom Hund zu der Stelle wandern, zu der er laufen soll.

▶ Üben Sie anfangs in einer ablenkungsarmen Umgebung, zum Beispiel in der Wohnung oder im Garten, und fangen Sie mit kurzen Distanzen von maximal fünf Meter an. Wenn Sie sich sicher sind, dass Ihr Hund nicht abgelenkt ist, rufen Sie mit freundlicher Stimme »Hier«. Animieren Sie den Hund zum Kommen, indem Sie dabei in die Hocke gehen oder ein paar Meter weglaufen. Sobald er Ihre Richtung einschlägt, zeigen Sie ihm, wie sehr Sie sich darüber freuen. Wenn er bei Ihnen ankommt, belohnen Sie ihn mit einem tollen Leckerli und einem anschließenden Spiel. Üben Sie nicht öfter als fünfmal täglich und nicht zweimal hintereinander.

▶ Geben Sie das Rückrufsignal jeweils nur ein einziges Mal. Hat der Hund den Rückruf befolgt, sollte er sich nicht selbstständig wieder von Ihnen entfernen. Das darf er erst dann, wenn Sie ihm nach einem Blickkontakt das Auflösungssignal gegeben haben, zum Beispiel »Weiter« (→ Auflösungssignal, Seite 21).

▶ Befolgt der Hund das Rückrufsignal zu Hause zuverlässig, können Sie die Distanz Schritt für Schritt vergrößern und auch draußen üben. Solange der Rückruf im Freien jedoch noch nicht hundertprozentig klappt, sollten Sie den Hund nur zu Übungszwecken rufen und nicht, wenn es wirklich darauf ankommt. Fehlversuche können den bisherigen Erfolg gefährden.

▶ Wenn Sie den Eindruck haben, dass Ihr Hund draußen zuverlässig auf Ihr Rufen kommt, ist es Zeit für den nächsten Schritt. Wählen Sie nun ein Gebiet mit etwas Ablenkung (Menschen, Geräusche, Gerüche), möglichst aber noch ohne andere Hunde.

Rufen Sie Ihren Hund nur, wenn Sie sich sicher sind, dass er kommt. Buddelt er gerade eifrig in einem Mauseloch, ist die Wahrscheinlichkeit ziemlich groß, dass er auf Ihr »Hier« überhaupt nicht reagiert und so lernt, Ihr Kommando zu überhören. Aus diesem Grund sollten Sie ihn in ernsten Situationen – wenn er also unbedingt gehorchen muss – auch lieber abholen und an die Leine nehmen.

▶ Ein Leckerli als Belohnung bekommt Ihr Hund nur, wenn er auf den Rückruf hin sofort kommt. Braucht er eine Erinnerung, erhält er nur ein verbales Lob. Kommt er dann immer noch nicht, gehen Sie hin und leinen ihn kommentarlos an. Tun Sie das souverän, also ohne jede Heftigkeit, aber auch ohne Freundlichkeit. In diesem Fall darf der Hund sehr wohl merken, dass Sie über sein Verhalten nicht erfreut sind.

▶ Wenn das Signal »sitzt«, gehen Sie sorgsam damit um. Rufen Sie nicht zu häufig, damit es sich nicht abnutzt – zwei- bis drei Rückruf-Aktionen pro Spaziergang genügen. Setzen Sie stattdessen lieber öfter Richtungswechsel ein (→ Seite 47).

Rückruf mit der Hundepfeife Sie können den Rückruf zusätzlich oder alternativ mit einer Hundepfeife üben. Der Trainingsablauf ist der gleiche, nur statt des Kommandos »Hier« setzen Sie eine Pfiffkombination als Signal ein, zum Beispiel drei kurze Pfiffe hintereinander. So können Sie den Hund später auch über weite Distanzen zu sich holen. Ein Nachteil könnte sein, das andere Hundehalter einen ähnlichen Pfiff haben. Im Wald oder Gebirge ist ein Pfeifen für den Hund außerdem schwer zu orten.

Hundetypen Ängstliche Hunde sind in Stresssituationen von Signalen schnell überfordert. Provozieren Sie dann besser keinen Ungehorsam. Gehen Sie einfach hin, leinen Sie Ihren Hund kommentarlos an und gehen Sie ruhig mit ihm weiter. Trainieren Sie das Rückrufsignal nur in völlig entspannter Atmosphäre und versuchen Sie zunächst, sein ängstliches Verhalten so weit wie möglich abzubauen.

Unabhängige Vierbeiner erfordern ein intensives Rückruftraining, das sich manchmal über längere Zeit erstrecken kann. Seien Sie geduldig und sichern Sie notfalls Ihren Hund an Geschirr und Schleppleine (→ Seite 45).

Die passende Körpersprache

Die ruhige und entspannte Haltung seines Besitzers gibt dem Hund das Gefühl, dass er bei ihm immer gut aufgehoben und in Sicherheit ist.

▶ Gehen Sie rückwärts, wenn Ihr Hund nach dem Rückrufsignal zu Ihnen läuft, und fixieren Sie ihn nicht mit Ihrem Blick. Am besten schauen Sie auf die Stelle, wo er hinkommen soll. Wenn Sie auf ihn zugehen, kann das bedrohlich auf ihn wirken, und er bleibt lieber auf Distanz.

> Das Rückrufsignal gibt Ihnen das gute Gefühl, Ihren Hund immer unter Kontrolle zu haben.

▶ Zeigen Sie echte Freude, wenn Ihr Hund zu Ihnen kommt. Das muss gar nicht laut und überschwänglich sein, aber möglichst authentisch. Hunde haben dafür ein feines Gespür. Belohnen Sie ihn für sein promptes Kommen (auf das erste Signal) immer mit einem Leckerli.

▶ Gestalten Sie den Rückruf auch einmal spannend: Veranstalten Sie ein kleines Wettrennen mit Ihrem Hund, sobald er sich in Ihre Richtung aufmacht. Oder belohnen Sie ihn mit einem lustigen Spiel fürs Kommen.

An den Grundlagen arbeiten

Ihre Körpersprache ist positiv, und Sie haben das Rückrufsignal klar aufgebaut. Kommt Ihr Hund trotzdem immer erst nach mehrfacher Aufforderung, kann das auch an seinem übersteigerten Selbstbewusstsein liegen. Verdeutlichen Sie ihm seine Position im Familienrudel (→ Regeln für drinnen, Seite 23). Auch unterwegs sollte er sich wieder stärker an Ihnen orientieren. Um das zu erreichen, schränken Sie den Radius des frei laufenden Hundes durch häufige Richtungswechsel (→ Seite 47) ein, ohne den Hund dabei zu rufen.

Ich muss ihn ständig kontrollieren, **weil er zu weit wegläuft**

Die täglichen Spaziergänge mit Ihrem Hund sind nicht nur dazu da, Ihren Vierbeiner auszulasten und ihm Abwechslung zu bieten – auch Sie selbst sollen von diesen Momenten fern des hektischen Alltags profitieren, sich dabei entspannen und Stress abbauen. Von Entspannung kann allerdings keine Rede sein, wenn Ihr Liebling immer so weit wegläuft, dass Sie ihn gerade noch am Horizont sehen, oder er ganz aus Ihrem Blickfeld verschwindet. Je weiter sich Ihr Hund von Ihnen entfernt, desto weniger Kontrolle haben Sie über

ihn und desto höher ist das Risiko, dass Sie auf die große Distanz nicht rechtzeitig auf ihn einwirken können, wenn es notwendig ist.

Warum es nicht klappt

▶ Ihr Hund hat nicht gelernt, einen kleineren Radius einzuhalten und beim Freilauf in Ihrer Nähe zu bleiben. Bisher hat Sie das auch nicht besonders gestört, doch mittlerweile dehnt er den Radius immer weiter aus.

▶ Der Vierbeiner lässt sich einfach zu leicht von den vielen spannenden Erlebnissen ablenken, die ein Spaziergang zu bieten hat. So läuft er zum Beispiel selbst über große Entfernungen zu anderen Hunden – und der Spaß beim Herumtoben und Spielen mit den Artgenossen belohnt ihn auch noch für dieses Verhalten.

▶ Oder er gehört zu den notorischen Jägern, kann deswegen keiner Fährte widerstehen und vergisst dabei völlig die Welt um sich herum und reagiert auch nicht auf Herrchens Rufen.

▶ Aus Sorge, Ihrem Hund könnte beim Freilauf etwas Schlimmes passieren, folgen Sie ihm ständig Schritt auf Schritt. Dadurch ist er sich Ihrer Nähe immer gewiss und hat keinerlei Veranlassung, von sich aus darauf zu achten, ob Sie noch in seiner Nähe sind.

▶ Vielleicht rufen Sie ihn auch immer, wenn er sich zu weit entfernt, ohne jedoch vorher ein eindeutiges Rückrufsignal (→ Seite 40) eingeübt zu haben. Ihrem Hund geben Sie damit das Signal »Ich bin immer noch da«, und auch hier besteht dann keine Notwendigkeit für ihn, näher bei Ihnen zu bleiben.

AUF EINEN BLICK

Trainingsziel

Durch häufige Richtungswechsel beim Spazierengehen soll Ihr Hund lernen, sich freiwillig an Ihnen zu orientieren, ohne dass er dafür extra ermahnt oder gerufen werden muss. Der Vierbeiner hält dabei einen Radius bis maximal 20 Meter ein, den Sie ihm vorgeben.

Hilfsmittel

Leckerlis; gegebenenfalls Geschirr und Schleppleine. Bei einigen Hunden kann es sinnvoll sein, dass sie sich ihre tägliche Futterration während des Spaziergangs verdienen.

Tipps und Trainingszeiten

Üben Sie immer dann, wenn der Hund während eines Spaziergangs frei laufen darf. Je mehr unvorhersehbare Richtungswechsel Sie unterwegs einlegen, desto eher wird sich Ihr Vierbeiner an Ihnen orientieren.

Machen Sie beim Spaziergang auch einmal Tempo. Fast alle Hunde haben Spaß daran, mit ihren Menschen um die Wette zu laufen. Richtungswechsel sorgen dafür, dass Ihr Hund dabei immer aufmerksam bleibt.

▶ Der Hund genießt unterwegs und zu Hause grundsätzlich zu viele Privilegien und glaubt daher, dass er machen kann, was er will, und nimmt sich eindeutig zu viele Freiheiten heraus.

So coachen Sie Ihren Hund

Freifolge-Training Üben Sie zu Beginn in einer sicheren Umgebung (ohne jede Gefährdung), die Ihr Hund noch nicht kennt. Vorteil: Auf dem fremden Terrain orientiert er sich ohnehin schon etwas stärker an Ihnen. Mit einem grundsätzlich unsicheren Hund trainiert man allerdings besser in einem vertrauten Gebiet. Das Übungsgelände sollte möglichst wenig Ablenkung etwa durch andere Hunde bieten. Ihr Ziel ist es zunächst, das Folgen und Herankommen des frei laufenden Hundes zu verstärken. Dafür schlagen Sie nun immer wortlos die entgegengesetzte Richtung ein, in die Ihr Hund läuft. Beobachten Sie ihn aus den Augenwinkeln: Sobald er sich umdreht und Ihnen folgt, loben Sie ihn. Bei Ihnen angekommen, gibt es ein Leckerli. Anfangs läuft er möglicherweise an Ihnen vorbei. Das ist normal, da die Umsetzung der Freifolge sehr viel Übung erfordert. Rufen Sie ihn trotzdem nicht. Gehen Sie vielmehr in die Hocke, sobald er hinter Ihnen ist, wobei Sie sich etwas seitlich zu ihm drehen und ihn nicht anschauen. Loben Sie ihn und halten Sie ihm deutlich sichtbar ein Leckerli hin. Stehen Sie dann wortlos auf und gehen Sie wieder in eine andere Richtung.

CHECKLISTE
TOLLE FUNDSTÜCKE

Gemeinsam mit Ihnen kann Ihr Hund aufregende Abenteuer erleben.

☐ Für jeden Vierbeiner ist es überaus spannend, wenn sein Mensch immer mal wieder und »ganz zufällig« etwas Attraktives am Wegesrand oder unter dem Laub findet.

☐ Dafür eignen sich kleine Leckerlis, aber auch ein schmackhafter Kauknochen oder kleine Fleischstücke.

☐ Ihr Hund darf Sie beim »Finden« des Objekts beobachten und auch kurz am Fundstück schnuppern.

☐ Tragen Sie das Objekt noch eine Weile mit sich herum und machen Sie es für Ihren Hund besonders interessant, indem Sie es immer wieder anschauen, während er Sie dabei beobachtet. Legen Sie es dann ab, manchmal aber auch erst zu Hause.

☐ Gehen Sie vom Fundstück weg und signalisieren Sie Ihrem Hund, dass er es jetzt aufnehmen darf.

☐ Wenn Sie grundsätzlich nicht wollen, dass Ihr Hund im Freien etwas von der Erde aufnimmt, bieten Sie ihm den Leckerbissen aus der Hand an.

☐ Nicht durchführen sollten Sie diese Fundstück-Übung, wenn andere Hunde dabei sind, weil das sonst Futterneidreaktionen provozieren könnte.

▶ Da Sie wahrscheinlich vor allem zu Beginn des Trainings sehr viele Richtungswechsel laufen müssen, sollten Sie keine feste Route einplanen. Ideal ist eine Laufstrecke, die viele Möglichkeiten zum Richtungswechsel bietet, damit für Ihren Hund die Notwendigkeit besteht, immer auf Sie zu achten – gerade verlaufende Wege ohne Abzweigungen sollten Sie deswegen vermeiden.

Wichtig Ändern Sie die Laufrichtung nicht erst, wenn Ihr Hund schon zu weit weg ist, sondern möglichst schon dann, wenn Sie merken, dass er unaufmerksam wird. Lässt der Spazierweg keine Richtungswechsel zu und der Hund nutzt das aus, können Sie mit ihm das Laufen an lockerer Leine üben (→ Seite 52).

Der Futtertrick Behält Ihr erwachsener Hund den großen Radius auch nach diesen Übungen hartnäckig bei, können Sie den Aufenthalt in Ihrer Nähe attraktiver machen, indem Sie den Hund nicht mehr zu Hause füttern, sondern während des Spaziergangs (Futtertasche aus dem Zoofachhandel). Jetzt muss er sich die tägliche Ration verdienen. Werten Sie das Futter zusätzlich auf, indem Sie etwas Käse oder gebratenes Hackfleisch untermischen. Bleibt Futter übrig, weil der Vierbeiner sich zu selten an den kleineren Radius hält, gibt es den Rest auch nicht nachträglich zu Hause. Ein kleines »Loch« im Magen schadet am ersten Übungstag nicht. Ein Leckerli oder ein Belohnungsspiel gibt es aber nicht, wenn Ihr Hund zuvor zu weit weggelaufen war.

▶ Bei Sorge, Ihr Hund könnte weglaufen, bietet sich das Schleppleinen-Training an (→ Seite 45).

Jeder Hund hat einen anderen Radius

Achten Sie darauf, dass Ihr Hund stets einen bestimmten Radius einhält. Je nach Typ und Alter des Hundes liegt die optimale Entfernung vom Menschen bei 7–20 Metern. Jagt ein Hund gern, sollte er sich weniger weit entfernen dürfen als einer, den nicht die Jagdlust packt.

SCHLEPPLEINE:
FREIHEIT UNTER KONTROLLE

Natürlich wollen Sie Ihrem Hund beim Spaziergang möglichst viel Bewegung gönnen und ihn frei laufen lassen. Was aber tun, wenn er sich nicht genügend an Ihnen orientiert und wenn Sie auf Distanz nur unzureichend oder gar nicht auf ihn einwirken können? Dann ist die Schleppleine fast immer das richtige Mittel der Wahl. Das Prinzip funktioniert so: Mit der Schleppleine können Sie den Hund über eine größere Distanz hinweg kontrollieren, ihm bleibt aber noch genügend Freiraum, um das richtige Verhalten zu erlernen. Denn ein Hund begreift sehr schnell, dass er an der Schleppleine keine Chance hat, Verhaltensweisen zu zeigen, die sein Mensch nicht wünscht. Ein weiterer Vorteil: Ist Ihr Hund auf diese Weise kontrollierbar, verhalten Sie sich automatisch entspannter und souveräner – die ideale Voraussetzung, um eine gute Lernatmosphäre für Ihren Vierbeiner zu schaffen.

Eine Leine für (fast) alle Fälle

Eine Schleppleine bietet viele unterschiedliche Einsatzmöglichkeiten, zum Beispiel beim Anti-Aggressionstraining (→ Seite 76 ff.), beim Anti-Jagdtraining (→ Seite 63 ff.) oder beim Abbau von Ängsten (→ Seite 90 ff.). Auf diesen Seiten wird auch der Trainingsaufbau ausführlich erklärt. Die Schleppleine ist das ideale Trainingsinstrument, wenn Ihr Hund sich nur ungern oder überhaupt nicht anleinen lässt oder wenn er sich immer wieder zu weit von Ihnen entfernt und Sie seinen Radius dauerhaft verkleinern möchten. Einige grundsätzliche Regeln sollten Sie beim Einsatz der Schleppleine beachten.

Die Schleppleine gezielt einsetzen

Sie können die Schleppleine in der Hand halten oder einfach am Boden schleifen lassen. Welche Methode sich am besten eignet, hängt von Ihrem jeweiligen Trainingsziel ab.

▶ Wenn Sie mit Ihrem Hund an seinem Angst- oder Aggressionsverhalten arbeiten oder wenn Sie seinen Radius verkleinern wollen, dann halten Sie die Schleppleine während des Trainings in der Hand.

▶ Wenn Ihr Hund prinzipiell einen akzeptablen Radius einhält und Sie mit ihm Aufgaben wie das Anleinen (→ Seite 48) trainieren wollen, dann lassen Sie die Leine am Boden schleifen – ohne sie in die Hand zu nehmen. Ihr Hund zieht sie dann einfach hinter sich her. Müssen Sie ihn unter Kontrolle bringen, treten Sie auf die Leine oder greifen nach ihr.

▶ Die Variante mit der am Boden schleifenden Schleppleine kommt auch zum Einsatz, nachdem das Training mit der Schleppleine in der Hand den gewünschten Erfolg gebracht hat und Ihr Hund unerwünschtes Verhalten wie Angst oder Aggression nicht mehr zeigt. Bewährt sich der Vierbeiner in dieser Situation auch weiterhin, verkürzen Sie die Schleppleine zum Beispiel wöchentlich um einen Meter. Die Leine wird so leichter, der Hund fühlt sich freier – spürt aber sehr wohl, dass er noch unter Kontrolle ist.

Schleppleine beim Welpen Dem Welpen kann man eine sehr leichte Schleppleine ans Brustgeschirr hängen, die er dann hinter sich herzieht. So haben Sie die Sicherheit, ihn im Notfall rechtzeitig zu erwischen, beispielsweise, wenn der ungestüme kleine Kerl im Freilauf noch nicht sicher auf Richtungswechsel und den Rückruf reagiert und zu anderen Hunden oder Passanten rennt. Die lange Leine verhindert, dass er sich in Gefahr begibt oder jemandem lästig wird.

Darauf sollten Sie achten

Brustgeschirr Die Schleppleine gehört immer an ein gut sitzendes Brustgeschirr – am Halsband stellt sie ein Verletzungsrisiko für den Hund dar.

Zusätzlich zur Normalleine Die Schleppleine ersetzt die normale Leine nicht, sondern wird zusätzlich verwendet. Das heißt: Wenn Sie Haus oder Wohnung verlassen und zu Ihrem Spaziergebiet aufbrechen, dann führen Sie den Hund an seiner normalen Leine. Dort angekommen, hängen Sie die Schleppleine vor Trainingsbeginn in das Brustgeschirr ein.

Die passende Schleppleine Nehmen Sie die angebotenen Schleppleinen-Modelle beim Kauf kritisch unter die Lupe. Die Schleppleine sollte beispielsweise keine Nässe aufsaugen, die sie sehr schwer werden lässt. Sie sollte aber auch nicht zu dünn sein, da Sie sich sonst Ihre Hände verletzten können, wenn die Leine einmal zu schnell hindurchgleitet. Ideal sind sehr leichte und flache Schleppleinen – also fast eine Art Band. Am besten kaufen Sie eine Schleppleine mit zehn Meter und eine mit fünf Meter Länge, gegebenenfalls auch eine kürzere Version.

Große Hunde Bei einem großen und schweren Hund kann das Training mit der Schleppleine riskant sein, wenn er sich mit voller Wucht in die Leine wirft. Wegen der Länge der Schleppleine lässt sich der plötzlich einsetzende vehemente Zug viel schlechter beherrschen als an kürzeren Leinen. Trainieren Sie daher mit einer zwei bis höchstens vier Meter langen Schleppleine und testen Sie ihre Handhabung in einer vertrauten Umgebung. Handschuhe bieten Schutz vor Abschürfungen der Haut, falls die Leine einmal zu schnell durch Ihre Hände flitzt.

Unruhige Hunde Wenn Sie einen sehr unruhigen Hund bändigen müssen, der an der Schleppleine wild hin- und herrennt, kommen Sie mit einer verkürzten Schleppleine am besten zum Ziel. Ist das Training an der kurzen Leine erfolgreich, können Sie auf die fünf Meter lange Leine und später auch auf zehn Meter umsteigen.

Verwicklungsgefahr Tauchen andere Hunde und Menschen auf, während Sie unterwegs mit Ihrem Hund trainieren, kann die Situation schnell unübersichtlich werden. Fassen Sie die Schleppleine kurz, bis wieder Ruhe eingekehrt ist und Sie die Übungseinheit kontrolliert fortsetzen können. Ansonsten passiert es nur zu leicht, dass es beim Herumtoben des Vierbeiners an der Schleppleine im wahrsten Sinne des Wortes zu Verwicklungen kommt.

Anleitung vom Profi Falls Sie sich das Schleppleinen-Training noch nicht zutrauen, üben Sie die ersten Schritte unter Aufsicht und Anleitung eines erfahrenen Hundetrainers.

Bewegen Sie sich souverän und drehen Sie sich nicht zu Ihrem Hund um. So zeigen Sie ihm, dass Sie wissen, wo es langgeht. Dann folgt er Ihnen gern.

So läuft es von Anfang an richtig

Nutzen Sie die ersten Spaziergänge dazu, Ihren Hund an die Schleppleine zu gewöhnen, und trainieren Sie zunächst mit einer maximal fünf Meter langen Leine, damit der Vierbeiner ein Gefühl dafür bekommt. Sinn und Zweck des Trainings ist es nicht, den Hund im Fall eines Falles abrupt zu stoppen, wenn er zum Beispiel zum Jagdsprint startet und sich mit ganzer Kraft in die Leine wirft. Er soll vielmehr nach und nach lernen, sich aus eigenem Antrieb in dem größeren Radius und Freiraum, den ihm die Schleppleine bietet, richtig zu verhalten.

Richtungswechsel Nehmen Sie die Schleppleine in die Hand und führen Sie ruhige Richtungswechsel aus. Für jede Kontaktaufnahme zum Halter wird der Hund mit einem Leckerbissen belohnt. Er lernt so sehr schnell, sich stärker an Ihnen zu orientieren. Sie dürfen ihn dabei an der Schleppleine durchaus behutsam mit sich ziehen, aber bitte immer ohne Ruck. Am effektivsten ist ein gleichmäßiges, sanftes Mitnehmen, das auf den Hund so wirkt, als würden Sie einfach Ihres Weges gehen. Nehmen Sie keinen Blickkontakt zu ihm auf, wenn er an der Schleppleine zieht, an Ihnen vorbeiläuft, nicht herankommt oder sich auf andere Weise unerwünscht oder ungebührlich benimmt. Aufmerksamkeit von Ihrer Seite würde ihn in seinem Fehlverhalten bestärken. Werfen Sie nur einen kurzen Blick aus den Augenwinkeln auf ihn, wenn er gerade wegsieht.

Loben und belohnen Anfangs wird Ihr Schüler für jedes Herankommen und für jede Kontaktaufnahme gelobt und erhält eine Belohnung – selbst dann, wenn er zuvor in die Leine gelaufen ist, oder Sie ihn mit sich ziehen mussten. Nach zwei bis drei Trainingstagen gibt es allerdings nur noch dann Lob und Belohnung, wenn er das geforderte Verhalten – angemessener Radius und Aufmerksamkeit für seinen Halter – ganz von selbst anbietet, ohne dass Sie dafür vorher an der Schleppleine ziehen mussten.

Nimmt Ihr Hund während des Trainings Kontakt zu Ihnen auf, bekommt er dafür eine Belohnung. Steigern Sie die Anforderungen an Ihren Hund langsam.

Leine fallen lassen Wenn der Hund an der Schleppleine sich schon über mehrere Tage an seinem Besitzer orientiert und seinen Radius einhält, ohne in die Schleppleine zu laufen, dann können Sie die Leine fallen lassen. Das kann zunächst lediglich für einen bestimmten Bereich auf Ihrem Spazierweg gelten, während Sie die Schleppleine in anderen Gebieten weiterhin in der Hand halten. Für diesen Übungsschritt sind eventuell mehrere Wochen nötig.

Praxistipp Nicht selten läuft Ihr Vierbeiner bei einem Richtungswechsel einfach an Ihnen vorbei. Gehen Sie in die Hocke, sobald er Ihre Richtung einschlägt. Das wirkt auf viele Hunde wie eine Einladung heranzukommen. Drehen Sie sich dabei seitlich vom Hund weg. Schauen Sie ihn nicht direkt an, weil er sonst womöglich nicht kommt. Ist er bei Ihnen, wird er ausgiebig gelobt und erhält eine kleine Belohnung.

Es ist jedes Mal ein Kampf, bis er sich anleinen lässt

Sie haben sich Jacke und Schuhe angezogen, den Schlüssel eingesteckt, die Leine in der Hand und sind startklar fürs Gassigehen mit Ihrem Hund. Doch wer trotz Rufens nicht kommt, um sich anleinen zu lassen, ist Ihr Vierbeiner. Oder Sie haben einen richtig schönen Spaziergang mit ihm gemacht, wollen ihn für die letzten Meter an die Leine nehmen, doch er weicht Ihrer Hand geschickt aus und läuft vielleicht sogar ein Stück weg. Und jedes Mal, wenn Sie ihn fast erwischt haben, hüpft er wieder zur Seite.

Wie so oft passiert das natürlich gerade dann, wenn man es besonders eilig hat und ein wichtiger Termin ansteht. Das strapaziert die Nerven und stellt Sie als souveränen Hundehalter infrage – vor allem, wenn Ihnen bei der leidigen Aktion auch noch Passanten zuschauen. Mindestens genauso unerfreulich ist es jedoch, dass Sie den Hund nicht unter Kontrolle haben, insbesondere, wenn Sie ihn aus gutem Grund anleinen wollen, zum Beispiel weil sich Jogger oder Eltern mit Kindern nähern.

AUF EINEN BLICK

Trainingsziel

Ihr Hund kommt immer freiwillig und voller Vertrauen zu Ihnen. Sie können ihn locker seitlich und von unten am Halsband anfassen und an jedem Ort anleinen, ohne dass er vor Ihnen zurückweicht oder wegläuft.

Hilfsmittel

Kleine Leckerbissen zur Belohnung fürs Herankommen; Halsband, Leine und bei Bedarf Brustgeschirr und Schleppleine.

Tipps und Trainingszeiten

Üben Sie mehrmals während des Spaziergangs, aber nicht, wenn Sie in Zeitnot sind und schnell wieder nach Hause wollen: Eine entspannte Atmosphäre ist die Grundvoraussetzung für erfolgreiches Training. Denn wenn Sie hektisch und angespannt sind, überträgt sich das auch immer auf Ihren Hund.

Warum es nicht klappt

▶ Ihr Hund möchte den Spaziergang einfach nicht beenden, weil er weiß, dass der Spaß dann vorbei ist: kein Schnüffeln mehr, kein Spielen mit Artgenossen, kein wildes Herumtoben.
▶ Das Anleinen ist für den Hund bedrohlich. Häufig ist die Körpersprache des Menschen der Grund dafür: Sich über ihn beugen, ihn schnell zu sich ziehen oder plötzlich nach dem Halsband greifen schüchtert nicht wenige Vierbeiner ein.
▶ So mancher Hund aus zweiter Hand, dessen Vorgeschichte man nicht kennt, verbindet möglicherweise schmerzhafte Erfahrungen mit der Leine und dem Anleinen.
▶ Oder ist es immer dieselbe Stelle, wo Ihr Hund sich nicht anleinen lässt? Dann ist es nicht unwahrscheinlich, dass er ein früheres und für ihn bedrohliches Ereignis mit dem Anleinen verbindet, etwa wenn er dabei durch das laute Knattern eines Auspuffs in Panik versetzt wurde. Er fühlt sich an diesem Ort unbehaglich und befürchtet eine Wiederholung.

▸ Eine andere Möglichkeit: Er hat Stress beim Autofahren und will nicht an die Leine, weil er weiß, dass er dann in den Wagen einsteigen soll.

▸ Oft hat die Meidetaktik Ihres Hundes einen Grund, manchmal passiert es aber auch nur aus einer Laune heraus. Vielleicht macht Ihrem Racker das Fang-mich-doch-Spiel einfach Spaß, weil es für ihn Zuwendung und Entertainment bedeutet. Hat er einmal Erfolg damit, setzt er dieses Verhalten immer wieder ein, oft an der gleichen Stelle, später auch anderswo. Und schon ist es etabliert und gehört für ihn ganz selbstverständlich zum täglichen Spaziergang dazu.

So coachen Sie Ihren Hund

Ausweichmanöver Wenn Ihr Vierbeiner sich dem Anleinen immer nur an einer bestimmten Stelle entzieht, ist die Lösung einfach: Leinen Sie ihn schon einige Meter vorher an, entweder mit der normalen oder der Schleppleine.

Lässt Ihr Hund sich nicht anleinen, kommt aber zuverlässig auf Ihr Rückrufsignal herbei, ist das eine gute Basis für das Training. Üben Sie während der Spaziergänge daher gezielt den Rückruf (→ Seite 40). Kommt Ihr Hund zu Ihnen, gibt es eine Belohnung.

Anleintraining Berühren Sie ihn dabei beiläufig am Fell. Fassen Sie ihn aber nicht von oben an, sondern streicheln Sie ihn sanft seitlich am Hals. Dann schicken Sie ihn nach einem Blickkontakt mit dem Auflösungssignal wieder weg, er darf weiter frei laufen oder spielen. Während Sie das Auflösungssignal geben, drehen Sie sich vom Hund weg und entfernen sich entgegengesetzt der Richtung, die Ihr Hund gerade einschlägt.

▸ Toleriert Ihr Hund den Kontakt mit Ihrer Hand, berühren Sie im nächsten Trainingsschritt leicht das Halsband, fassen es dann vorsichtig an und halten es schließlich kurz fest. Nehmen Sie dabei gelegentlich die normale Leine in die Hand. Je nach Kooperationsbereitschaft Ihres

Hundes können Sie die Leine auch für einen kurzen Moment am Halsband einhängen. Lösen Sie die Leine aber gleich wieder und lassen Sie den Hund frei laufen. Üben Sie dieses kurzzeitige Anleinen auch weiterhin während der Spaziergänge und vergessen Sie nicht, Ihren Hund für seine Leistung zu loben und zu belohnen.

Richtungswechsel einsetzen Machen Sie während des Spaziergangs viele Richtungswechsel (→ Ich muss ihn ständig kontrollieren, weil er zu weit wegläuft, Seite 42), belohnen Sie den Hund dabei und berühren Sie ihn ab und zu am Fell und am Halsband. Setzen Sie dabei gezielt Ihre Körpersprache ein und gehen Sie möglichst oft in die Hocke, weil das auf Ihren Hund freundlicher und einladender wirkt. Schauen Sie ihn nicht direkt an, sondern drehen Sie sich leicht seitlich weg. Wie oben beschrieben, können Sie die Anforderung an Ihren Hund langsam steigern, bis Sie ihn schließlich anleinen können, ohne dass er vor Ihnen zurückweicht oder wegläuft.

Dieser Hund beschwichtigt, weil ihn die körperliche Nähe noch stresst. Vermeiden Sie es, sich über den Hund zu beugen oder den Arm um ihn zu legen.

Die Schleppleine verwenden Das Training mit der Schleppleine kann hier eine ideale Hilfe sein. Je nach Lernerfolg setzt man sie einige Wochen oder auch Monate ein. Das bedeutet: Zusätzlich zum normalen Halsband und zur normalen Leine wird Ihr Hund nun mit einem Brustgeschirr und einer Schleppleine ausgestattet.

Bitte beachten: Die Schleppleine wird grundsätzlich nur am Brustgeschirr befestigt. Sie ersetzt dabei die normale Leine nicht, sondern dient als zusätzliches Trainingshilfsmittel (→ Schleppleinen-Training, Seite 45).

> Die Schleppleine erweist sich beim Training der Leinenführigkeit oft als unverzichtbare Hilfe.

▶ Nehmen Sie beim Spaziergang unbemerkt die Schleppleine auf. Kommt Ihr Hund bei Rückruf nicht sofort zu Ihnen, machen Sie die Aufmerksamkeitsübung (→ Seite 32). Das heißt: Gehen Sie gleichmäßig rückwärts, also entgegen der Richtung, die Ihr Hund einschlägt, und ziehen Sie ihn sanft, aber bestimmt zu sich heran. Ist er schließlich bei Ihnen angekommen, wird er gelobt und belohnt – selbst wenn alles nicht ganz freiwillig passierte. Bei der Übung ist Ihre positive Körpersprache besonders wichtig. Gehen Sie daher auch hier in die Hocke, wenn Sie den Leckerbissen anbieten, wenden Sie sich leicht ab und vermeiden den direkten Blickkontakt mit Ihrem Hund. Trainieren Sie nun das Tolerieren von Berührungen und danach das Anleinen.

▶ Einige Hunde »tricksen« ihre Besitzer aus, indem sie sich mit der Schleppleine gerade so weit fortbewegen, dass ihr Halter die Leine nicht zu fassen bekommt. Hunde entwickeln durchaus ein Gefühl für die Länge der Leine. Steigen Sie in diesem Fall auf eine noch längere Schleppleine um, zum Beispiel die Zehn-Meter-Leine. Jetzt

wird es für den Vierbeiner schwieriger, sich Ihrem Einfluss zu entziehen. Wenn Sie in dem Moment, wo Ihr Hund sich nicht anleinen lässt, einfach nur das Ende der Schleppleine aufnehmen, um an ihn heranzukommen, ist das noch kein erfolgreiches Anleintraining (→ Anleintraining, Seite 49).

▶ Klappt das Training prinzipiell gut, aber Ihr Hund fällt irgendwann doch noch einmal in sein altes Verhalten zurück, dann wenden Sie sofort den Blick ab und gehen ruhig, aber bestimmt weiter. Nehmen Sie das Ende der Schleppleine auf und trainieren Sie erneut das Anleintraining wie beschrieben.

Für den Notfall gewappnet

Versuchen Sie nie, den Hund irgendwie einzufangen oder von oben nach ihm zu greifen, und zerren Sie ihn nicht am Halsband zu sich heran. Diese Maßnahmen bewirken alle das Gegenteil von dem, was Sie eigentlich erreichen wollen. Ihr Ziel muss es sein, dass Ihr Vierbeiner voller Vertrauen und immer freiwillig zu Ihnen kommt und Sie ihn locker seitlich und von unten am Halsband anfassen können.

▶ Manchmal passiert auch, womit Sie gar nicht mehr gerechnet haben: dass es ein Anlein-Problem mit Ihrem Hund geben könnte. Verlieren Sie dann nicht die Geduld und probieren Sie auch mal ungewöhnliche Wege aus, um erfolgreich zu sein. Gehen Sie zum Beispiel mit Ihrem Hund zu Ihrem abseits einer Straße geparkten Auto. Womöglich springt er aus freien Stücken hinein, und Sie können ihn dann ganz entspannt anleinen.

▶ Wenn Sie das Gefühl haben, allein auf sich gestellt mit der Problematik nicht weiterzukommen, sollten Sie die Unterstützung eines Hundetrainers in Anspruch nehmen. Er wird Ihnen helfen, die Ursache des Problems herauszufinden und gezielt daran zu arbeiten.

Spazierengehen ist Stress,
weil er ständig an der Leine zerrt

Bei fast jedem Spaziergang bestimmt Ihr Hund das Tempo und zieht und zerrt an der Leine. Jeder Richtungswechsel gleicht einem Tauziehen. Das ist nicht nur ausgesprochen lästig, sondern kann dem weichen Halsbereich Ihres Vierbeiners schaden und ist nicht zuletzt auch anstrengend und kräftezehrend für Sie. Durch das Ziehen gibt Ihr Hund ganz klar vor, wer hier das Sagen hat: Er bestimmt Richtung und Geschwindigkeit des Spaziergangs, er entscheidet, wann und wo er stoppen und schnuppern will.

Warum es nicht klappt

▶ Für einen jungen Hund gleicht jeder Spaziergang einem Abenteuer: Andere frei laufende und spielende Hunde, Fressbares am Wegesrand, viele neue Gerüche und die aufregende Umgebung sind nur einige der ablenkenden Reize, die es ihm fast unmöglich machen, konzentriert und ruhig zu bleiben.
▶ Einem unsicheren Hund fehlen oft die Ruhe und Selbstsicherheit, um entspannt an lockerer Leine zu laufen, vor allem wenn er in Situationen gerät, die er nicht einschätzen kann. Lebt der Hund noch nicht lange bei Ihnen, bieten Sie ihm womöglich auch noch nicht genügend Sicherheit und Orientierung.
▶ Gehen andere Familienmitglieder oder Artgenossen voraus und der Hund soll an der Leine zurückbleiben, ist das für die meisten Vierbeiner eine große Herausforderung, die in der Regel nur erfahrene Hunde mit Bravour meistern.
▶ Es fehlen klare Handlungsanweisungen: Einmal lässt der Halter den Hund entnervt ziehen, weil ihn das ständige Korrigieren ermüdet, beim nächsten Mal packt ihn der Ehrgeiz, und er probiert wahllos die verschiedenen Erziehungstipps wie Leinenruck, Stehenbleiben, Schimpfen und Bei-Fuß-Gehen aus. Doch Konzeptlosigkeit und fehlende Konsequenz beim Training bringen jeden Hund durcheinander, und ein plötzlicher Wutausbruch oder der heftige Leinenruck werden von dem Vierbeiner als Willkür empfunden. Und da man ihm keine konstante Anleitung bietet, macht er weiter wie bisher.

AUF EINEN BLICK

Trainingsziel

Ihr Hund geht zuverlässig an lockerer Leine, ist mit seiner Aufmerksamkeit bei Ihnen und orientiert sich sowohl an Ihrem Lauftempo als auch an Ihrer Laufrichtung. Er bleibt in der Regel auf Ihrer Höhe, darf aber auch einmal etwas hinter oder vor Ihnen laufen, ohne jedoch an der Leine zu ziehen.

Hilfsmittel

Leckerlis; Brustgeschirr, Halsband und eine etwa 1,5 m lange Leine; eventuell auch ein Kopfhalfter (→ Seite 34).

Tipps und Trainingszeiten

Trainieren Sie mit Ihrem Hund jedes Mal, wenn die Leine am Halsband befestigt ist; zu Trainingsbeginn 2- bis 3-mal täglich für etwa 5 bis 10 Minuten. Steigern Sie die Dauer mit zunehmendem Trainingserfolg.

So coachen Sie Ihren Hund

Üben Sie zunächst in Situationen, in denen es Ihrem Hund relativ leichtfällt, sich auf Sie zu konzentrieren und das Lernprinzip zu verstehen. Gehen Sie daher alleine mit ihm spazieren und vermeiden Sie möglichst zu große Ablenkungen. Das nachfolgend erläuterte Trainingsprogramm fordert volle Konzentration von Ihnen und Ihrem Hund. Üben Sie anfangs nicht länger als fünf Minuten, um Ihren Schüler nicht zu überfordern. Erst wenn das Laufen an lockerer Leine auf den einfachen Strecken gut klappt, können Sie auf anspruchsvollere umsteigen.

Der Brustgeschirr-Trick Eine hundertprozentige Trainingskonsequenz erreicht man im Alltag kaum. Greifen Sie deshalb zu einem kleinen Trick: Legen Sie Ihrem Hund bei Spaziergängen

Ruhiges Warten ist nicht schwer, wenn man es richtig übt. Ist der Hund entspannt, gibt es eine Belohnung!

ein ausreichend breites Halsband ohne Würgefunktion und ein gut sitzendes Brustgeschirr um. Er soll beides gleichzeitig tragen.

▶ Haben Sie selbst keine Zeit fürs Training oder führt jemand den Hund aus, der die Lektion nicht kennt oder beherrscht, wird die Leine am Brustgeschirr eingehängt. Diese Konstellation bedeutet quasi eine Erziehungspause: Ihr Hund darf weiterhin an der Leine ziehen wie bisher. Vor Trainingsbeginn befestigen Sie die Leine dann am Halsband. Das soll dem Hund signalisieren: Nun darf nicht mehr gezogen werden. Diese Phasen sollen im Verlauf des Trainings immer länger werden. Wenn Sie die Trainingseinheit beenden, kommt die Leine wieder ans Brustgeschirr. Der Hund begreift den Unterschied sehr schnell.

▶ Stellen Sie die Leine auf eine praxisgerechte Länge ein. Der Hund darf an der Leine sein Geschäft verrichten und auch kurz schnuppern – vorausgesetzt, sie hängt immer locker durch. Gehen Sie anfangs langsam und erhöhen Sie die Geschwindigkeit erst, wenn alles prima klappt.

Training mit vier Varianten Ihre Aufgabe ist es nun, dem angeleinten Vierbeiner beizubringen, genau auf Sie zu achten. Sobald Sie seine Aufmerksamkeit verlieren, bleiben Sie sofort stehen und variieren das Training je nach Intensität seiner Ablenkung mit diesen Methoden:

▶ Ist Ihr Hund nur leicht unkonzentriert und »aus Versehen« zu schnell gelaufen, reicht diese Variante: Sie bleiben stehen und warten geduldig, bis er an Ihre Seite zurückkehrt. Es genügt aber nicht, wenn sich Ihr Hund etwas entfernt von Ihnen hinsetzt.

▶ Bei etwas stärkerer Ablenkung müssen Sie mehr tun, um die Aufmerksamkeit Ihres Hundes wieder herzustellen. Gehen Sie so lange rückwärts, bis er Ihnen aufmerksam und an lockerer Leine folgt. Sobald er Blickkontakt zu Ihnen aufgenommen hat, loben Sie ihn und gehen anschließend wieder normal vorwärts. Will er gleich darauf erneut in seine Richtung ziehen, wiederholen Sie die Rückwärtsübung.

▶ Wenn der Vierbeiner so sehr abgelenkt ist, dass Sie mit der Rückwärtsübung keinen Erfolg erzielen, drehen Sie um und gehen so lange und ohne Unterbrechung in die andere Richtung weiter, bis Ihnen Ihr Hund wieder aufmerksam folgt.

▶ Wenn der Hund stark angespannt ist, etwas sehr intensiv anstarrt und überhaupt nicht mehr auf Sie reagiert, müssen Sie dazwischengehen und ihn mit leichtem Körpereinsatz vom Objekt abdrängen (→ An der Leine verhält er sich aggressiv zu anderen Hunden, Seite 83).

Wichtig Für alle vier Varianten gilt: Reagieren Sie durch Stehenbleiben und die entsprechende Trainingsvariante nach Möglichkeit noch bevor die Leine sich strafft. Wiederholen Sie die Trainingsschritte so lange, bis sie wirklich funktionieren. Und bleiben Sie konsequent.

Richtig belohnen Zunächst können Sie Ihren Hund für das Gehen an der lockeren Leine auch belohnen, wenn Sie ihn zuvor korrigieren mussten. Später gibt es nur noch eine Belohnung, wenn er von sich aus eine Zeit lang an lockerer Leine neben Ihnen geht. Anfangs sind bereits zwei oder drei Sekunden an lockerer Leine ein toller Erfolg.

Kleine Praxishilfen

Hat Ihr Hund die Angewohnheit, plötzlich ruckartig zu einer spannenden Stelle zu ziehen, gehen Sie gleich noch einmal dort vorbei. Nun sind Sie darauf vorbereitet und können reagieren, sobald er das kleinste Anzeichen für ein Interesse zeigt: Bleiben Sie stehen und gehen Sie dann rückwärts. Halten Sie die Leine dabei mit beiden Händen dicht am Körper, das gibt Ihnen die beste Standfestigkeit. Erst wenn der Hund an Ihre Seite zurückgekehrt ist und Sie anschaut, gehen Sie ruhig mit ihm weiter. Bei kräftigen und unaufmerksamen Hunden kann es sinnvoll sein, ein Kopfhalfter einzusetzen (→ Seite 34).

Hunde merken schnell, wem sie kräftemäßig überlegen sind. Lassen Sie Ihr Kind nicht alleine mit dem Hund raus. Es gibt viele Situationen, die beide überfordern.

TIPP STRESSFREI WARTEN

Wenn Sie mit Ihrem Vierbeiner irgendwo warten müssen, stellen Sie sich mit einem Fuß so auf die Leine, dass Ihr Hund noch aufrecht stehen kann. Das Leinenende behalten Sie in der Hand. Setzt sich der Hund oder legt er sich entspannt hin, loben und belohnen Sie ihn. Zieht er hingegen an der Leine, bleiben Sie ruhig darauf stehen und ignorieren seine Aktion – er muss lernen, dass ihm sein Verhalten keinen Erfolg bringt. Bellt er andere Hunde oder Menschen an, gehen Sie mit ihm so weit weg, bis er sich völlig beruhigt, und stellen sich dann erneut auf die Leine.

Aus lauter Freude
springt er alle Menschen an

Ihr Hund ist ein kontaktfreudiger und fröhlicher Youngster und freut sich über jeden Menschen, der seinen Weg kreuzt, ob zu Hause an der Haustür oder unterwegs beim Spaziergang. Die Zweibeiner werden voller Begeisterung begrüßt, der Vierbeiner springt dabei wie ein Flummi an den Menschen hoch, versucht Küsschen zu geben und weiß nicht wohin mit all seiner überschüssigen Freude. Viele Hundefreunde finden dieses Verhalten ausgesprochen süß, loben und streicheln den kleinen Quirl und gehen vielleicht sogar in die Hocke, um mit ihm ein bisschen zu spielen.

AUF EINEN BLICK

Trainingsziel

Ihr Hund bleibt entspannt bei jedem Besuch und springt die Besucher nicht an. Draußen achtet er auf Sie und nicht auf andere Personen, selbst dann nicht, wenn Sie von diesen angesprochen werden.

Hilfsmittel

Fürs Training im Haus und im Garten brauchen Sie möglichst gut instruierte Familienmitglieder oder Bekannte und beim Spaziergang befreundete Hundehalter. Leckerlis und Leine; eventuell ein Liegeplatz mit Haken, an dem die Leine befestigt werden kann.

Tipps und Trainingszeiten

Üben Sie mit Ihrem Hund, sooft sich eine Gelegenheit bietet, sowohl in der Wohnung als auch im Freien.

Grundsätzlich ist es natürlich positiv, dass Ihr Hund Menschen so sehr mag. Doch wie sieht das aus, wenn er mit seinen Schlammpfoten das komplette Outfit ruiniert oder ausgewachsen ist und 35 Kilo oder mehr wiegt – werden Besucher oder Ihre Familienmitglieder die Zuneigungsbezeugungen dann noch ebenso schätzen? Von den Passanten, die der Hund ohne Vorwarnung auf der Straße anspringt, gar nicht zu reden.

Warum es nicht klappt

Hinter dem Verhalten eines Hundes können sich je nach Situation verschiedene Bedeutungen oder Absichten verbergen. Das Lecken der Mundwinkel eines Menschen oder der Schnauze des Artgenossen ist beispielsweise ein Beschwichtigungssignal, mit dem der Hund Unterwürfigkeit zeigt. Es geht zurück auf das Welpenverhalten, wenn der Kleine seine Mutter durch Lecken ihrer Lefzen zum Hervorwürgen von Futter animieren will. Im Laufe des Hundelebens entwickelt sich daraus eine freundliche Begrüßungsgeste – auch dem Menschen gegenüber. Gefördert wird das Verhalten durch Bestätigung. Freut sich der Mensch darüber und schenkt dem Hund zusätzliche Aufmerksamkeit oder sogar Leckerlis, ist das ein Erfolg für den Hochspringer, und er wird es bei nächster Gelegenheit wieder versuchen – so etabliert sich ein Verhaltensmuster. Manche Vierbeiner entwickeln daraus eine regelrechte Strategie und springen jeden Menschen an, der ihnen über den Weg läuft – oft genug zaubert dann sogar ein wildfremder Spaziergänger ein leckeres Häppchen aus der Jackentasche.

So coachen Sie Ihren Hund

Er springt Familienmitglieder an Besprechen Sie sich mit der ganzen Familie! Nur gemeinsam schaffen Sie die Basis, damit Ihr Hund versteht, um was es bei dieser Übungsform geht. Ziehen Sie, wenn möglich, Freunde und Verwandte hinzu, die Sie beim Training unterstützen. Je mehr Personen Ihnen helfen, desto schneller kann Ihr Hund verallgemeinern und lernen, dass dieses bis dahin lustige Verhalten keinen Spaß mehr bringt. Wichtig ist, dass sich alle Beteiligten zu hundert Prozent an Ihre Vorgaben halten, denn ohne Konsequenz läuft hier gar nichts – jede Ausnahme wirft das Training zurück. Und so geht's:

▶ Ignorieren Sie den Hund, sobald er Sie, andere Familienmitglieder oder Ihre Freunde bei der Begrüßung anspringt. Also: nicht anschauen, nicht ansprechen, nicht anfassen und überhaupt so tun, als ob in diesem Moment gar kein Hund anwesend ist. Drehen Sie sich dabei aber nicht ruckartig weg, da ihn das eher zum Spielen und Springen animieren könnte. Bleiben Sie besser ruhig stehen, drehen Sie ihm gegebenenfalls langsam den Rücken zu und schauen Sie in die Luft. Setzen Sie zudem ein deutliches Signal für den springfreudigen Hund, indem Sie die Arme vor dem Körper verschränken. Ist er selbst dann noch zu aufdringlich, verlassen Sie das Zimmer und bleiben für ein paar Minuten weg.

BASISTRAINING: IGNORIEREN BEIM ANSPRINGEN

1 Die Freude ist groß, wenn Frauchen nach Hause kommt. Doch das Anspringen kann schnell zum Problem werden, wenn der Hund auch Besucher oder Fremde auf diese Weise willkommen heißt.

2 Ziehen Sie sich für die ersten Übungen hundetaugliche Kleidung an. Begrüßen Sie Ihren Hund nicht zu enthusiastisch, ignorieren Sie ihn, sobald er an Ihnen hochspringt. Sprechen Sie nicht mit ihm, schauen Sie ihn nicht an und fassen Sie ihn nicht an. Drehen Sie sich nicht ruckartig um, da das animierend wirkt. Verhalten Sie sich wie gewohnt, hängen Sie die Jacke auf oder stellen die Tasche weg. Wenn für Ihren Hund Ignorieren neu ist, verstärkt er seine Aktion anfangs noch. Bleiben Sie ruhig und haben Sie Geduld.

3 Sobald der Hund sich beruhigt hat und mit allen vieren wieder am Boden ist, schenken Sie ihm ganz ruhig Ihre Aufmerksamkeit.

▶ Klappt das gut und Ihr Hund ist nicht mehr so aufgeregt, kann er kurz und ohne großes Trara begrüßt werden. Dadurch soll er lernen, dass er nur dann Zuwendung bekommt, wenn er sich ruhig verhält. Ansonsten müssen Sie die Übung regelmäßig wiederholen.

Er springt Besucher an Wenn möglich, sollten Sie auch mit Ihren Gästen die oben für die Familie beschriebene Variante üben. Verständlicherweise kann man nicht jeden Besucher in das Trainingsprogramm einbeziehen. Hier heißt es dann: den Hund anleinen und sich auf die Leine stellen (→ Spazierengehen ist Stress, weil er ständig an der Leine zerrt, Seite 51), bevor der Gast hereinkommt. Bitten Sie Ihren Besuch, den Hund zu ignorieren. Hat sich Ihr Vierbeiner mit seiner neuen Situation abgefunden und etwas beruhigt, bieten Sie ihm die Aufmerksamkeitsübung (→ Seite 32) an. Verhält er sich entspannt, darf er an lockerer Leine am Gast schnuppern, der den Hund aber nach wie vor ignoriert. Sollte dieser doch an ihm hochspringen wollen, nehmen Sie Ihren Vierbeiner an der Leine kommentarlos von Ihrem Gast weg und stellen Sie sich erneut auf die Leine. In dieser Situation gibt es keine Belohnung, da der Hund sonst verknüpft: erst anspringen, dann zu meinem Besitzer und Leckerlis abkassieren.

▶ Manche Menschen haben große Angst vor Hunden und erschrecken sichtbar oder weichen vor ihnen zurück. Schon diese Reaktion kann den Hund zum Anspringen animieren. Dann ist es die bessere Alternative, ihn ins Körbchen zu schicken oder für die Zeit des Besuchs in einem anderen Zimmer unterzubringen. So bleibt Ihr Gast entspannt, und der Hund wird nicht unbeabsichtigt in seinem Verhalten bestärkt, was den bisherigen Lernerfolg gefährden würde.

Er ist angeleint und springt Passanten an
Eine Alltagssituation: Ihr an der Leine laufender Hund bekundet Interesse an einer Person, indem er zum Beispiel mit der Rute wedelt und den Pas-santen anschaut, oder der Fremde versucht, den Hund zu sich zu locken. Bieten Sie dem Vierbeiner möglichst sofort die Aufmerksamkeitsübung an und belohnen Sie ihn mit einem attraktiven Leckerli. Splitten Sie dann (→ Seite 30), was bedeutet: Sie führen den Hund so, dass Sie sich zwischen ihm und der anderen Person befinden, gehen im leichten Bogen um den Passanten herum und belohnen Ihren Hund während dieser Übung (→ Strategien, Seite 28 ff.) ausgiebig. Auf diese Weise offerieren Sie ihm eine lohnenswerte Alternative zum Anspringen und machen ihm dabei klar, dass sein eigener Mensch sehr viel attraktiver ist als die fremde Person.

Er springt beim Freilauf Spaziergänger an
Rennt Ihr Hund zu allen Spaziergängern hin und will sie anspringen, führen Sie ihn ab sofort nur noch an der Schleppleine. Üben Sie anfangs in Gebieten, in denen der Hund nicht abgelenkt ist. Verkleinern Sie zunächst seinen Radius durch fortgesetzte Richtungswechsel (→ Ich muss ihn ständig kontrollieren, weil er zu weit wegläuft, Seite 42). So soll er lernen, sich stärker an Ihnen zu orientieren. Kommen Spaziergänger in Sicht, nehmen Sie die Schleppleine vorsichtshalber in die Hand, und zwar so kurz, dass er niemandem zu nahe kommen kann. Bieten Sie Ihrem Hund – lange bevor die Spaziergänger auf Ihrer Höhe sind – durch Distanzvergrößern und Bogengehen (→ Seite 32 und 30) eine neue Lösung an und belohnen ihn ausgiebig, wenn er gut mitmacht. Sollten Sie nicht weit genug ausweichen können, machen Sie mit ihm die Aufmerksamkeitsübung (→ Seite 32). Trainieren Sie die Strategien zunächst möglichst mit Hilfestellung eines instruierten Assistenten, dann fällt es Ihrem Hund im »Ernstfall« leichter.

▶ Wenn Ihr Hund sich nicht mehr so stark für fremde Personen interessiert, können Sie den Bogen bei den nächsten Übungen zunehmend kleiner halten, bis Begegnungen auch auf schmalen Waldwegen problemlos möglich sind.

Er ist ein echter »Müllschlucker«
und frisst jeden Unrat

Für manche Hunde gleicht jeder Spaziergang dem Besuch eines Restaurants mit üppigem Buffet, denn am Wegesrand und im Gebüsch finden sich oft achtlos weggeworfene Reste zahlreicher Lebensmittel. Ein verschmähtes Pausenbrot, eine Pommestüte, ein entsorgtes Bonbon oder frische Pferdeäpfel sind nur einige Beispiele, die aus Sicht des Vierbeiners eine willkommene Zwischenmahlzeit bieten. Zählt Ihr Hund zu diesen »Müllschluckern«, ist das während des Spaziergangs nicht nur ausgesprochen lästig und unappetitlich, sondern kann auch gefährlich werden: Es besteht die Möglichkeit, dass der Hund einen unbekömmlichen oder sogar giftigen Happen erwischt und schwer erkrankt.

Warum es nicht klappt

▶ Hunde erweisen sich speziell in Futterfragen als außerordentlich clever und nutzen jede günstige Gelegenheit, die sich ihnen bietet. Daher ist es ganz normal, dass sie die Ressource Nahrung am Wegesrand nicht verschmähen.
▶ Ihr Hund hat tatsächlich Hunger, etwa wegen einer Diät zur Gewichtsreduzierung. Auch nach einer Kastration haben viele Hunde durch den veränderten Stoffwechsel ein deutlich gesteigertes Hungergefühl. Manche Rassen wiederum sind bekannt für ihren guten Appetit. So war es zum Beispiel früher bei den Retrievern wegen ihrer Apportierarbeit im kalten Wasser durchaus erwünscht, wenn sie sich eine ordentliche Speckschicht auf den Rippen anfutterten.
▶ Nicht selten wird das Fressen von Unrat erst durch die Aufmerksamkeit des Menschen erlernt. Manche Hunde schlingen den Happen dann schnell hinunter oder rennen damit weg, um die Ressource zu sichern. Denn wenn »der Chef« so wild dahinter her ist, muss es ja wohl etwas sehr Bedeutsames sein!
▶ Manchmal sind auch organische Probleme der Grund für dieses Verhalten, und der Hund versucht instinktiv, bestimmte Mangelzustände durch zusätzliche Nahrungsaufnahme auszugleichen. Ein Tierarztbesuch verschafft Klarheit, was Ihrem Vierbeiner fehlt.

AUF EINEN BLICK

Trainingsziel

Ihr Hund widersteht der Versuchung, unterwegs Abfälle zu fressen, bzw. gibt ins Maul genommenen Unrat zuverlässig wieder ab.

Hilfsmittel

Spielzeug, Kauknochen und Leckerlis unterschiedlicher Attraktivität zum Einüben des Unterlassungs- und Aus-Signals (→ Seite 58 und 60). Wenn Ihr Hund andere Personen anbettelt, brauchen Sie einen Assistenten.

Tipps und Trainingszeiten

Üben Sie das Signal »Aus« ein- bis zweimal am Tag und »Lass es« alle zwei bis drei Tage. Setzen Sie die Signale draußen nur ein, wenn Sie sicher sind, dass es auch klappt. Halten Sie bei den Spaziergängen mit Ihrem Hund die Augen offen, um Unrat möglichst schon vor ihm zu entdecken.

So coachen Sie Ihren Hund

▶ Stellen Sie mit einer Untersuchung beim Tierarzt sicher, dass Ihr Hund nicht aus organischen Gründen Unrat frisst, zum Beispiel wegen eines Mangelzustands. Je nach Ursache können darmrelevante Bakterien oder homöopathische Mittel hilfreich sein. Besprechen Sie mit Ihrem Tierarzt oder einem Ernährungsexperten, ob die Versorgung Ihres Hundes ausgewogen und ausreichend ist, und stellen Sie die Fütterung gegebenenfalls um. Manchmal bringt schon eine andere Futtersorte den gewünschten Erfolg. Es gibt heute spezielle Diätfuttermittel, die den Stoffwechsel ankurbeln und das Hungergefühl herabsetzen.

▶ Trainieren Sie mit einem Spielzeug ein Aus-Signal (→ Seite 60). Gibt Ihr Hund das Objekt auf Ihre erste Aufforderung hin bereitwillig ab, steigern Sie in den weiteren Trainingseinheiten den Schwierigkeitsgrad. Verwenden Sie dazu jeweils einen Gegenstand, der für den Vierbeiner noch attraktiver als der vorherige ist.
Wenn Ihr Hund schließlich auch Kauknochen oder andere Leckereien zuverlässig abgibt, ist der Moment für die Generalprobe gekommen: Legen Sie während des Spaziergangs gezielt einen schmackhaften Gegenstand aus, ohne dass der Hund es bemerkt. Wichtig ist, dass er ihn nicht mit einem Happs herunterschlucken kann. Gut geeignet ist dafür zum Beispiel ein langer Ochsenziemer. Hat Ihr Hund den Gegenstand ins Maul genommen, geben Sie ihm das Aus-Signal. Lässt er daraufhin aus, loben Sie ihn kurz, schauen sich das Objekt an und geben es ihm anschließend zurück. Er soll die Erfahrung machen, dass Sie ihm seine Fundstücke nicht sofort wegnehmen. So wird er sie auch nach mehrmaligem Üben gern abgeben und lernt, dass es unnötig ist, sie hastig herunterzuschlingen. Üben Sie draußen aber nur (und nur gelegentlich), wenn Sie sich sicher sind, dass es klappt, andernfalls machen Sie sich das Aus-Signal kaputt.

▶ Bringen Sie Ihrem Hund ein Unterlassungs-Signal bei, zum Beispiel »Lass es«. Anders als beim Aus-Signal, bei dem Ihr Hund den Gegenstand bereits im Maul hat, soll er ihn beim Unterlassungs-Signal gar nicht erst aufnehmen. Gehen Sie dazu in die Hocke und geben ihm drei Leckerlis. Halten Sie ihm ein viertes hin. Bevor er dieses Leckerli nimmt, sagen Sie »Lass es«, schließen die Hand zur Faust und führen sie unerreichbar für den Hund zu Ihrem Mund. Das muss sehr schnell gehen, damit der Vierbeiner keine Gelegenheit hat, sich den Leckerbissen doch noch zu schnappen. Wiederholen Sie diese

> Nicht nur beim »Müllschlucker« erleichtert das Aus-Signal die Verständigung mit dem Hund.

Aktion so oft, bis Ihr Hund das Leckerli meidet und den Blick abwendet, die Ohren anlegt oder sogar zurückweicht. Beenden Sie diese Übungseinheit, indem Sie aufstehen und in ein paar Schritten Entfernung eine einfache Übung wie »Sitz« von Ihrem Hund verlangen, für die er sich eine kleine Belohnung verdienen kann. Das baut bei ihm die während der Übung entstandene Frustration ab. Bei dem kleinsten Anzeichen von Aggression brechen Sie die Übung kommentarlos ab und nehmen die professionelle Hilfe eines Hundetrainers in Anspruch.
Wiederholen Sie die Übungseinheit erst am nächsten oder übernächsten Tag, da sie für Ihren Hund sehr stressig und anfangs eben auch frustrierend ist. Geben Sie ihm zwischendurch wieder ohne »Lass es«-Signal Leckerlis, damit er das Signal nicht mit Ihrer hockenden Körperhaltung verknüpft. Gehen Sie auch nicht immer in die Hocke, sondern bleiben Sie gelegentlich stehen oder setzen sich auf einen Stuhl oder eine Bank. Klappt das zuverlässig, können Sie die Schwierig-

keit erhöhen und ein größeres Leckerli vor sich auf den Boden legen. Sollte der Hund es bei »Lass es« noch nicht sicher meiden, nehmen Sie das Leckerli sofort wieder in die Faust und die Hand zum Mund. Erst wenn das Meiden gut funktioniert, können Sie verschiedene Objekte – zunächst weniger attraktiv, dann immer verlockender – auslegen und das »Lass es«-Signal mit dem Hund an der Schleppleine während des Spaziergangs üben. Hat er das Signal verstanden, macht er künftig auf Ihr »Lass es« hin einen großen Bogen um das Objekt. Falls nicht, üben Sie weiter und festigen die Bedeutung des Signals.

Wenn er andere Menschen anbettelt

Üben Sie das »Lass es«-Signal mit einem Helfer. Er bietet dem Vierbeiner ein Leckerli an. Will der Hund das Futter nehmen, sagen Sie »Lass es«, und der Assistent schließt die Hand. Sie haben sich inzwischen von dem Hund entfernt. Zeigt Ihr Hund Meideverhalten und läuft zu Ihnen, gehen Sie weiter, ohne ihn zu beachten. Nach rund zehn Schritten bekommt er ein Leckerli für eine kleine Übung. Ansonsten könnte er es sich angewöhnen, gezielt bei Fremden zu betteln und fürs Meiden von Herrchen ein Leckerli zu kassieren. Üben Sie mit verschiedenen Personen.

KLEINEN »MÜLLSCHLUCKERN« DAS HANDWERK LEGEN

Junge Hunde sind neugierig und erkunden ihre Umwelt ähnlich wie kleine Kinder, die Gegenstände anfassen und in den Mund stecken. So schnuppert ein Welpe erst ausgiebig an etwas Interessantem, dann nimmt er es nicht selten ins Maul und kaut darauf herum.

▶ Erkundet Ihr Welpe Unrat, ohne ihn direkt zu fressen, sollten Sie dieses Verhalten einfach ignorieren und so tun, als ob Sie nichts bemerkt hätten – vorausgesetzt natürlich, der Fund kann ihm nicht schaden. Beobachten Sie den kleinen Racker unbemerkt aus den Augenwinkeln, ohne ihn anzuschauen, anzusprechen oder anzufassen, und gehen Sie ruhig weiter. Lässt er seine Beute fallen, zeigen Sie ihm gegenüber keine Reaktion. Auch wenn Sie sich innerlich freuen – es gibt keine Belohnung und kein Lob, da er das Sammeln von Dingen ansonsten für lukrativ halten könnte. Denn die besonders cleveren Kerlchen

suchen gern ganz gezielt nach Unrat, um Lob und Leckerchen zu kassieren, wenn sie den Fund großzügig wieder hergeben.

▶ Wenn Sie jedes Mal reagieren, sobald der junge Hund etwas ins Maul nimmt, kann er daraus schließen, dass es sich um etwas außerordentlich Interessantes handeln muss. Entreißen Sie ihm die Beute dann auch noch sofort, rennt er künftig womöglich mit ihr weg, um sich außerhalb Ihrer Reichweite damit zu beschäftigen. Oder er lernt, das Objekt seiner Begierde ganz schnell hinunterzuwürgen, um es nicht abgeben zu müssen.

▶ Haben Sie die Erfahrung gemacht, dass Ihr Hund seinen Fund nicht abgeben will, ist Ignorieren die beste Taktik. Das erhöht die Wahrscheinlichkeit, dass er das Interesse verliert und den Gegenstand fallen lässt. Natürlich müssen Sie künftig das Kommando »Aus« (→ Seite 60) mit ihm üben.

Mein Hund weigert sich,
sein Spielzeug herzugeben

Sie spielen mit Ihrem Hund, werfen zum Beispiel ein Stofftier oder verstecken es (bei »Balljunkies« allerdings besser keine Wurfspiele machen, → Spielregeln, Seite 62). Wenn Sie immer wieder zulassen, dass er das gefundene Spielzeug nicht bei Ihnen abgibt, lernt der Hund: Nicht Sie sind der Spielmacher, sondern er gibt die Regeln vor. Trainieren Sie das Abgeben von Objekten deshalb von Anfang an, denn Spielen ist für fast alle Hunde einfach das Größte und für den Halter die ideale Gelegenheit, seinem Vierbeiner spielerisch leicht Benimm beizubringen.

AUF EINEN BLICK

Trainingsziel

Ihr Vierbeiner lernt, dass mit dem Abgeben des Spielzeugs der Spaß für ihn noch nicht beendet ist. Sie können ausgelassen mit ihm spielen, und er gibt das Spielzeug trotzdem und in jeder Spielsituation auf Ihr Signal hin sofort frei. Wenn Sie Gegenstände für ihn werfen oder verstecken, bringt er sie ohne Umwege und freudig zu Ihnen zurück und gibt sie freiwillig her.

Hilfsmittel

Leckerlis; Leine und Schleppleine, unterschiedliche Spielobjekte, gegebenenfalls auch ein Futterbeutel für Suchspiele.

Tipps und Trainingszeiten

Üben Sie mehrmals wöchentlich. Wenn sich Ihr Hund während des Spiels zu ungestüm aufführt, brechen Sie die Aktion sofort ab.

Warum es nicht klappt

▶ Oft hat der Hund es einfach nie richtig gelernt, ein Spielzeug wieder bei Ihnen abzugeben.
▶ Er hat verknüpft: Spielzeug abgeben bedeutet Ende der Spielzeit. Das passiert häufig, wenn er sein Spielzeug bisher immer dann hergeben sollte, um das Spiel zu beenden.
▶ Das Spielzeug ist Ihrem Hund sehr wichtig. Er bewacht es eifersüchtig und möchte es vor aller Welt schützen – auch vor Ihnen.

So coachen Sie Ihren Hund

Bevor Ihr Hund nicht gelernt hat, sein Spielzeug auf Ihr Kommando hin zuverlässig an Sie abzugeben, sollten Sie keine Apportierspiele mehr mit ihm machen. Denn dabei kann er sich problemlos mit dem Spielzeug oder anderen Objekten Ihrem Zugriff entziehen und lernt rasch, dass er nur schnell und weit genug abhauen muss, um sich allein damit zu vergnügen.

Wichtig Fangen Sie das folgende Trainingsprogramm mit Ihrem Hund nur an, wenn er sein Spielzeug nicht verteidigt und nicht aggressiv reagiert. Sollte das aber der Fall sein, nehmen Sie zur Sicherheit professionelle Hilfe in Anspruch.

Aus-Signal Mit diesem Kommando soll er auf Ihre Aufforderung hin vom Spielzeug, dem Kauknochen oder anderen Objekten ablassen. Befolgt er das Kommando noch nicht, leinen Sie Ihren Hund an und spielen Sie mit ihm, zum Beispiel mit einer Kordel oder einem Ball an der Schnur. Es sollte ein lustiges und ausgelassenes Spiel mit Zerreinlagen sein. Schauen Sie ihm dabei nicht in die Augen und machen Sie auch spaßeshalber keine Knurrgeräusche. Geben Sie dann das Aus-Signal und halten Sie im Spiel inne. Straffen Sie sich, schauen Sie Ihren Hund an und warten Sie geduldig. Gibt er das Objekt schließlich frei, loben und belohnen Sie ihn und spielen danach weiter mit ihm. Wiederholen Sie das ein- bis zweimal, bevor Sie das Spiel beenden und das Spielzeug an sich nehmen.

▶ Gibt Ihr Hund das Spielzeug nicht sofort her, schauen Sie ihm nach dem Aus-Signal streng in die Augen. Ihr Gesicht sollte dabei nicht dicht vor dem des Hundes sein. Halten Sie den Blick so lange, bis er – oft zuerst zögernd – das Spielzeug loslässt. Meist weicht er auch dem Blick aus und legt die Ohren an. Lässt er aus, gibt es Lob und Belohnung, und das Spiel wird fortgesetzt.

▶ Verhält sich Ihr Hund zu ungestüm, stoppen Sie das Spiel vorzeitig. Geben Sie dazu das Aus-Signal, halten im Spiel inne und schauen ihn aus sicherer Distanz streng an. Lob und Belohnung gibt es jetzt nicht, da der Vierbeiner zu wild war.

▶ Springt Ihr Spielpartner an Ihnen hoch oder schnappt er spielerisch nach, gehen Sie entschlossen und frontal auf ihn zu und nehmen dabei die freie Hand vor den Körper, um den Hund abzublocken. Halten Sie gleichzeitig die Hand mit dem Spielzeug etwa auf Brusthöhe vor Ihren Körper. Lassen Sie das Spielobjekt nicht ruckartig und plötzlich hinter Ihrem Rücken verschwinden, weil das von Hunden in der Regel als Spielaufforderung angesehen wird. Schauen Sie den Hund dabei streng an, schimpfen ihn aber nicht. Weicht er aus, beenden Sie die Bedrohung.

▶ Schnappt der Hund statt nach dem Spielzeug nach Ihrer Hand, schreien Sie kurz auf und nehmen es weg (nicht hinter den Rücken). Ignorieren Sie den Missetäter für 10 bis 15 Minuten, gespielt wird heute natürlich nicht mehr.

▶ Verweigert Ihr Hund das Abgeben weiter hartnäckig, gehen Sie so vor: Wählen Sie ein weniger attraktives Spielzeug, das er nicht zerstören oder

Auf den Hund zugehen animiert ihn zum Weglaufen. Besser: umdrehen und in die Hocke gehen.

verschlucken kann, und legen es zwischen sich und den angeleinten Hund (am besten daheim üben). Hat er es im Maul, schauen Sie vor sich auf den Boden – und warten »stumm« geduldig so lange, bis der Hund das Spielzeug fallen lässt. Dafür gibt es ein tolles Leckerli – egal, wie lange es gedauert hat. Von Zeit zu Zeit wiederholen, bis das Auslassen schnell und zuverlässig klappt. Dann ein akustisches Signal dazu einbauen.

Apportieren üben

Verstecken Sie sein Lieblingsspielzeug und lassen Sie Ihren Vierbeiner danach suchen. Hat er es gefunden und nimmt es auf, loben Sie ihn und laufen etwa fünf bis zehn Meter von ihm weg. Feuern Sie ihn zum Mitlaufen an, ohne ihn dabei aber anzusehen. Gehen Sie in die Hocke, wenden sich von Ihrem Hund ab und verhalten sich so, als würden Sie etwas Aufregendes am Boden entdecken. Kommt Ihr Hund mit dem Spielzeug im Maul herbei, bieten Sie ihm sofort eine attraktive Belohnung an. Fassen Sie aber nicht nach dem Spielzeug, da er sonst eventuell zurückweicht.

▸ Sollte er nicht herbeikommen oder läuft er sogar mit dem Spielzeug weg, dann setzen Sie bei diesem Übungsschritt zunächst eine fünf und später die zehn Meter lange Schleppleine ein (→ Seite 45). Ansonsten bleibt der Ablauf gleich. Sobald Ihr Hund das Spielzeug ins Maul genommen hat, ziehen Sie ihn an der Leine sanft, aber bestimmt zu sich. Loben Sie ihn und feuern Sie ihn an, auch wenn er sich anfangs eher unfreiwillig auf den Weg zu Ihnen macht, und belohnen Sie ihn schließlich. Vermeiden Sie direkten Blickkontakt dabei, weil er das als Signal »Bleib weg von mir« verstehen könnte. Sobald das Prozedere mit der Schleppleine zuverlässig klappt, proben Sie das Ganze, ohne die Schleppleine in der Hand zu halten. Kommt Ihr Hund zuverlässig und gibt das Spielzeug ab, können Sie die Schleppleine schrittweise um jeweils einen halben Meter kürzen. Erst wenn alles reibungslos funktioniert, bleibt die Schleppleine ganz weg.

SPIELREGELN FÜR »BALLJUNKIES«

▸ Hunde, die nur noch ihren Ball im Kopf haben, »vergessen« darüber nicht selten die Kommunikation mit Menschen und ihren Hundefreunden. Ist Ihr Vierbeiner ein solcher »Balljunkie«, sollten Sie ihm zunächst alle Bälle wegnehmen und auf seine Spielaufforderungen nicht mehr eingehen. Wichtig sind alternative Beschäftigungen, wie zum Beispiel die Suche nach anderen Spielsachen, Agility oder Fährtenarbeit, und bei einem sozial verträglichen Hund auch intensive Kontakte zu anderen Menschen und zu seinen Artgenossen. Sie entscheiden, was gespielt wird, denn ein falsches Spielprogramm kann unerwünschtes Verhalten verstärken. Setzen Sie also auf die richtige Beschäftigung und dosieren Sie Spiel und Spaß sehr bewusst. Machen Sie diese Angebote nur dann, wenn Ihr Hund den Ball nicht einfordert und gar nicht ans Spielen denkt.

▸ Über wichtige Spielsachen sollte Ihr Hund nicht frei verfügen, Sie verwalten die Ressourcen. Zwei, drei Spielobjekte lassen Sie herumliegen, da Spielzeug sonst zu interessant für ihn wird und er womöglich zu anderen Hundehaltern läuft, die mit ihm spielen.

▸ Hat sich seine Ballverrücktheit gelegt, bieten Sie ihm gezielt kurze und einfache Spiele mit dem Ball an, die Sie beginnen und mit einem klaren Signal, zum Beispiel »Schluss«, beenden. Bleiben Sie konsequent und lassen Sie sich nicht wieder zu einem wilden Spielabenteuer hinreißen. Starten Sie Spiele an verschiedenen Orten, damit Ihr Hund nicht an bestimmten Plätzen nervt, weil er unbedingt hier spielen will.

▸ Gut geeignet sind Suchspiele und kontrolliertes Ballspiel: Der Hund muss sitzen. Dann werfen Sie den Ball, und erst mit Ihrer Erlaubnis darf er ihm nachjagen und ihn bringen.

... und immer wieder Ärger mit der Lust am Jagen

GEFÄHRLICHE LEIDENSCHAFT Ein Hund, der jagt, ist für den Halter ein großes Problem. Statt entspannter Spaziergänge ist Stress angesagt. Und auch dem Vierbeiner beschert seine Leidenschaft Einschränkungen, weil er kaum noch von der Leine darf. Was Hunde jagen, ist unterschiedlich: Der eine zischt davon, wenn er eine Wildspur erschnüffelt, ein anderer mischt die Enten am Teich auf und schwimmt ihnen sogar hinterher. Und ein dritter verfolgt Jogger und Radfahrer.

Ein jagender Hund ist gefährlich und gefährdet zugleich. Jedes Jagderlebnis, ob nur begonnen oder zu Ende geführt, heizt seine Jagdmotivation weiter an. Das gilt selbst für einen angeleinten Hund, der ein Wildschwein hinter dem Zaun des Wildgeheges ankläfft. Denn auch das ist eine positive Jagderfahrung, weil der Hund dabei Spaß empfindet. Finden Sie sich daher mit der Jagdlust Ihres Hundes nicht einfach ab und stoppen Sie selbst den kleinsten Ansatz zur Jagd.

Er ist ein notorischer Jäger und
verfolgt Wildtiere, Jogger und Autos

Sie gehen mit Ihrem Hund auf einem Feldweg spazieren, und er schnuppert aufmerksam am Wegesrand. Plötzlich zischt er wie eine Rakete davon, weil er eine interessante Fährte entdeckt hat oder einen Hasen verfolgt, der gerade vor ihm aufgesprungen ist. Alles Rufen bleibt erfolglos, Ihr Vierbeiner ist verschwunden – und Sie warten hilflos auf seine Rückkehr. Aus mehreren Gründen kann dieses Verhalten nicht geduldet werden: Der Hund ist während seiner Jagdtour vielen Gefahren ausgesetzt. Die verfolgten Tiere

werden mitunter bis zur totalen Erschöpfung gehetzt, haben massiven Stress oder verletzen sich, was für sie tödlich enden kann. Menschen werden gefährdet, beispielsweise, wenn der Hund unterwegs einen Autounfall verursacht. Andere Hundehalter geraten unter Generalverdacht, auch wenn sie ihre Vierbeiner vorbildlich führen.

Warum es nicht klappt

Der Jagdtrieb gehört bei fast allen Hunden zur genetischen Grundausstattung – bei manchen mehr und bei anderen weniger. Zudem macht das Verfolgen der Beute Spaß, da es für den Hund selbstbelohnend ist – egal, ob es sich dabei um Wildtiere, Katzen, Jogger oder Autos handelt.

▶ Der Hund wurde nicht ausreichend mit anderen Tieren sozialisiert und hat folglich nicht gelernt, sich diesen gegenüber sozial verträglich zu verhalten.

▶ Er hat schon Erfahrung mit dem Verfolgen von Beute gesammelt – das weckt die Lust auf weitere Jagdzüge. Wird das Verhalten nicht rechtzeitig korrigiert, etabliert es sich: Der Hund jagt dann bei jeder Gelegenheit, die sich ihm bietet.

▶ Das Verhalten eines Vierbeiners mit jagdlich passionierten Vorfahren ist nicht rechtzeitig in akzeptable Bahnen gelenkt worden. Beispielsweise wurde kein Abbruchsignal eingeübt und kein alternatives Verhalten erlernt.

▶ Benötigt ein Hund vom Typ und Temperament her viel Beschäftigung und ist unterfordert, dann wird er sich beim Spaziergang selbst Aufgaben suchen – und das Jagen ist da für viele Hunde einfach die schönste und naheliegendste Aktion.

AUF EINEN BLICK

Trainingsziel

Ihr Hund orientiert sich an Ihnen, ist aufmerksam und hält stets einen angemessenen Radius ein. Er bleibt beim Spaziergang auf den Wegen und läuft beim Anblick eines fremden Tieres nicht los, sondern ist ansprechbar und kommt auf Zuruf zurück.

Hilfsmittel

Leckerlis; eine 1,5 Meter lange Leine, Brustgeschirr, Schleppleinen von 5 und 10 Meter Länge, eventuell ein Kopfhalfter.

Tipps und Trainingszeiten

Je nach Typ und bisherigen Jagderfolgen zwei Monate bis zu zwei Jahren. Basics und Abbruchsignal werden ab Trainingsbeginn immer ausgeführt. Gewöhnungstraining mit fremden Tieren ein- bis zweimal pro Woche für maximal eine halbe Stunde.

So coachen Sie Ihren Hund

Wehret den Anfängen Die Zeit zwischen dem 6. und 12. Lebensmonat ist die heikle Phase, in der ein heranwachsender Hund sich leicht das Jagen von Wild angewöhnen kann. In dieser Entwicklungsphase wird er neugieriger auf seine Umwelt und entfernt sich deshalb zunehmend weiter von seinem Besitzer. Trifft er dabei zum Beispiel auf ein flüchtendes Tier, rennt er zunächst einfach nur hinterher, entdeckt dabei aber den großen Spaß am Verfolgen beziehungsweise Jagen. Auch pubertärer Ungehorsam fällt in diese Zeit und macht aus dem braven Junghund einen selbstständigen Entdecker. Deshalb kann es sehr sinnvoll sein, während dieser Zeit wildreiche Gebiete ganz zu meiden oder zumindest mithilfe der Schleppleine einer sich selbst verstärkenden Jagdleidenschaft vorzubeugen. Idealerweise sollten Sie in diesen Monaten kontrollierte Begegnungen mit potenziellen Jagdobjekten herbeiführen und dabei gezielt trainieren, wie sich Ihr Hund in solchen Situationen richtig verhält (→ Seite 69).

Grundlagen auffrischen Für das erfolgreiche Anti-Jagdtraining muss natürlich die Erziehungsbasis Ihres Vierbeiners stimmen. Damit Sie den Hund sicher führen können und er sich besser an Ihnen orientiert, sollten Sie auf die Einhaltung der Regeln (→ Seite 22 ff.) achten und zusätzlich am Rückruf (→ Seite 40) arbeiten.

Beschäftigung anbieten Wenn Hunde sich beim Spazierengehen langweilen, ist Jagen womöglich eine willkommene Abwechslung. Gestalten Sie Ihre Spaziergänge spannender, zum Beispiel mit Futterbeutelsuche oder anderen interessanten und lustigen Aufgaben.

Sicher spazieren gehen Führen Sie einen Hund, der zum Jagen neigt, vorerst nur noch an der Schleppleine, damit Sie ihn immer unter Kontrolle haben.

▶ Ist Ihr Hund aufmerksam und bleibt in einem vernünftigen Radius (→ Seite 44) in Ihrer Nähe, belohnen Sie ihn dafür mit Leckerlis, Aufmerksamkeit, einem Spiel oder reizvollen Aufgaben. Bieten Sie ihm diese Privilegien als Belohnung für gutes Verhalten an. Spielen oder belohnen Sie

Bei einem so kleinen Welpen ist es noch lustig, wenn er einem beim Rennen in den Ärmel beißt. Doch Vorsicht, aus kleinen Jägern können große werden. Setzen Sie deshalb rechtzeitig Grenzen.

also nicht gerade dann, wenn er sich wieder einmal zu weit entfernt hat oder gar mit hechelnder Zunge von einem Jagdausflug zu Ihnen zurückkehrt. Idealer Zeitpunkt ist eine völlig entspannte Situation, wenn Ihr Vierbeiner aufmerksam und brav an Ihrer Seite läuft. Entfernt Ihr Hund sich zu weit von Ihnen, schränken Sie seinen Radius ein, indem Sie bei jedem Spaziergang regelmäßig Richtungswechsel (→ Seite 47) üben.

Anti-Jagdtraining

Wenn Sie Ihrem Hund das Jagen abgewöhnen wollen, brauchen Sie dafür Geduld und etwas Zeit. Auf jeden Fall lohnt es sich, sofort damit anzufangen: Je länger Sie dieses unerwünschte Verhalten hinnehmen, desto problematischer wird es. Gelingt es Ihnen dagegen, seine Jagdlust

Das ist Hohe Schule! Trotz der unmittelbaren Nähe der Tiere im Wildpark bleibt dieser Jagdhund gelassen.

Schritt für Schritt durch alternatives Verhalten zu ersetzen, können Sie es bald wieder entspannt genießen, mit Ihrem Liebling unterwegs zu sein.

An auslösende Reize gewöhnen Mit den vier wichtigen Strategien (→ Seite 28 ff.) haben Sie ein vielversprechendes Instrument, um besser mit der Jagdlust Ihres Vierbeiners umgehen zu können, da Sie das Training auf dieser Basis Schritt für Schritt aufbauen können.

Vorteile: Sie können Übungssituationen gezielt herbeiführen sowie die Jagdobjekte und die Distanz zu ihnen selbst bestimmen. Das verleiht Ihnen für das Training Sicherheit und die nötige Gelassenheit (→ Ohne Missverständnisse mit dem Hund kommunizieren, Seite 16 ff.).

▶ Beginnen Sie die folgenden Übungen zunächst an der kurzen Leine. Wenn Sie dabei erfolgreich sind und Ihr Hund gut mitarbeitet, können Sie auf die fünf Meter lange Schleppleine und später auf eine mit zehn Metern Länge umsteigen. Ziel des Trainings ist es natürlich, dass Ihr Hund die Schleppleine überhaupt nicht mehr benötigt.

▶ Trainieren Sie notfalls mit einem Kopfhalfter, wenn Ihr Hund zu kräftig von Ihnen wegzieht.

▶ Führen Sie die Begegnungen Ihres Hundes mit verschiedenen Tieren unter kontrollierten Bedingungen herbei, zum Beispiel in einem Wildpark oder Zoo, in dem Besuchshunde an der Leine gestattet sind.

▶ Gehen Sie mit dem angeleinten Hund ruhigen Schrittes in einem Bogen (→ Seite 30) um das Tier, das das Jagdverhalten auslöst, und splitten Sie (→ Seite 30). Wichtig ist, dass der Hund dabei ruhig bleibt und nicht die leiseste Jagdambition erkennen lässt – er darf zwar Interesse bekunden, aber noch kein Jagdverhalten wie Fixieren oder Hinzerren zeigen. Wenn das doch passiert, war der Bogen noch zu klein: Vergrößern Sie die Entfernung, bis sich der Vierbeiner beruhigt. Im Bogengehen ohne Jagdreaktion lernt Ihr Hund ein alternatives Verhalten kennen, das sich für ihn sogar lohnt: Denn wenn er

WELCHE RASSEN HABEN JAGDLEIDENSCHAFT IM BLUT?

Die Jagdleidenschaft eines Hundes hängt großenteils von seiner Veranlagung ab. Ein starkes jagdliches Erbe bedeutet aber nicht zwangsläufig, dass ein Vierbeiner zum unkontrollierbaren Jäger wird. Die wichtigen Weichen in puncto Jagdlust werden im ersten Lebensjahr gestellt. Zudem gibt es bei jeder Rasse auch die Ausnahme von der Regel, sei es der Vertreter einer klassischen Jagdhunderasse, der sich kaum für die Jägerei interessiert, oder der Vierbeiner, der einer Rasse ohne jagdlichem Hintergrund angehört, aber trotzdem mit viel Leidenschaft Fährten folgt und Wildtiere hetzt.

▶ Viele Kleinhunderassen wie etwa Malteser, Mops, Havaneser, Bichon à poil frisé sowie Zwergspitz zeigen meist nur wenig Jagdfieber. Das gilt auch für Sheltie und Molosser.

▶ Retriever sind klassische Jagdhunde. Sie apportieren abgeschossene Wasservögel auf Anweisung des Jägers. Sie müssen leicht lenkbar sein und dürfen kein oder nur ein sehr geringes Aggressionsverhalten zeigen. Das macht sie als Familienhunde so beliebt.

▶ Hüten ist aus dem Jagen hervorgegangen. Daher brauchen Hütehunde wie Australian Shepherd, Collie oder Briard eine stabile Sozialisierung und viel Beschäftigung, sonst können auch sie zum Jäger werden.

▶ Terrier, Dachshunde, Beagle und Verwandte bringen ein beachtliches jagdliches Erbe mit, das manchmal nur mit Mühe in die richtigen Bahnen gelenkt werden kann.

▶ Manche Jagdhunderassen zeigen ein solch ausgeprägtes Jagdverhalten, sodass sie fürs Leben als Familienhunde ungeeignet sind. Der Deutsche Jagdterrier ist einer von ihnen.

▶ Windhunde sind Hetzjäger, die auf Sicht jagen. Die kleinste Bewegung am Horizont kann ihren Jagdtrieb auslösen. In wildreichen Gebieten ist für sie die Leine immer Pflicht.

vollkommen entspannt mit Ihnen geht, wird er entsprechend gelobt und belohnt.

▶ Wenn Sie beobachten, dass Ihr Hund das Jagdobjekt aus der Distanz zu fixieren beginnt, gibt es eine Alternative zum Vergrößern des Bogenlaufs: Beginnen Sie mit einer Aufmerksamkeitsübung (→ Seite 32). Gehen Sie rückwärts und nehmen Sie den Hund an der Leine sanft, aber bestimmt mit. Folgt er und schenkt Ihnen dabei seine Aufmerksamkeit, loben Sie ihn. Wendet er sich ohne an der Leine zu ziehen vom Jagdobjekt ab, gibt es zusätzlich eine Belohnung.

▶ Fixiert er allerdings das Tier weiterhin oder versucht sogar zum Jagen anzusetzen, drängen Sie ihn ab. Dafür gehen Sie resolut frontal oder von der Seite auf Ihren Hund zu, nicht jedoch von hinten, weil er das als Ansporn missverstehen kann, noch schneller zu werden. Drängen Sie ihn wortlos mit Körpereinsatz weg und loben Sie ihn kurz, sobald er den Blick vom Objekt abwendet. Eine Belohnung verdient er sich nur, wenn er in einer ähnlichen Folgesituation gleich zu Ihnen schaut und gar nicht erst zu einem Jagdversuch ansetzt. Üben Sie zunächst mit Jagdobjekten, die den Hund nur mäßig interessieren, zum Beispiel Enten. Klappt das gut, steigern Sie die Herausforderung, je nachdem, was die Jagdgelüste Ihres Hundes besonders anstachelt.

Vom Hund weggehen Jagende Hunde sind sich oft zu sicher, dass ihr Besitzer immer in der Nähe ist und auf sie wartet. Erst, wenn man den Spieß umdreht, wird ihnen bewusst, dass sie besser auf ihren Menschen achten müssen. Für diese Übung brauchen Sie einen Assistenten, der mit Ihrem Hund nicht allzu vertraut ist und ihm deswegen nicht viel Sicherheit gibt. Die Hilfsperson hat die Aufgabe, in einiger Distanz auf Ihren Hund aufzupassen, während Sie sich entfernen. Und sie soll Ihnen gegebenenfalls zurufen, wie der vierbeinige Schüler reagiert. Für dieses Trainingsprogramm ist es entscheidend, dass Ihr Hund eine möglichst gute Bindung zu Ihnen hat.

▸ Am besten üben Sie in der Nähe einer Weide, eines Wildgeheges oder Ententeichs, wo Tiere leben, die Ihr Hund interessant findet. Leinen Sie ihn am Brustgeschirr an und befestigen Sie das andere Ende der Leine an einem stabilen Gegenstand, beispielsweise einer Parkbank. Setzen oder stellen Sie sich ruhig neben den Hund. Sobald Sie bemerken, dass er eines der Tiere fixiert, entfernen Sie sich wortlos von ihm. Wendet er dann

Einen Blick auf die Enten im Teich werfen ist erlaubt. Startet Ihr Hund jedoch ein Wildtier an, vergrößern Sie sofort die Distanz zu dem potenziellen Jagdobjekt.

den Blick von dem Tier ab, um nach Ihnen zu schauen, kehren Sie zu ihm zurück, jedoch ohne ihn weiter zu beachten. Einen freundlichen Blick und ein Lob mit Belohnung gibt es nur, wenn er bei einem Folgeversuch durchgängig entspannt reagiert, gar nicht erst zu dem Tier schaut oder es nur für einen kurzen Moment in Augenschein nimmt und seinen Blick gleich wieder abwendet, um mit Ihnen Blickkontakt aufzunehmen. Beenden Sie die Trainingseinheit nach den ersten Erfolgserlebnissen. Wiederholen Sie die Übung frühestens drei bis vier Tage später und trainieren Sie diesen Ablauf in der Folgezeit immer mal wieder – so lange, bis Ihr angebundener Hund kein Interesse mehr an den Tieren zeigt.

Rechtzeitig eingreifen Das Jagdverhalten eines Hundes beschränkt sich nicht nur auf die eigentliche Verfolgung der Beute. Bevor er losspurtet, fixiert der Jäger in der Regel das Jagdobjekt – sein Körper ist dabei angespannt und die Rute starr. Je früher Sie diese ersten Reaktionen stoppen, desto besser. Lassen Sie Ihren Hund daher beim Spaziergang nicht aus den Augen, um gegebenenfalls rechtzeitig eingreifen zu können.

▸ Geben Sie ein Abbruchsignal (→ Seite 27), um das Jagdverhalten zu unterbrechen und die Folgereaktionen bei Ihrem Hund zu verhindern. Besonders wirksam ist das Signal in der Phase des Fixierens. Je weiter sich der Hund schon im Funktionskreis Jagen befindet, desto unwahrscheinlicher wird es, dass er noch auf das Abbruchsignal reagiert. Verwenden Sie dafür grundsätzlich stets das gleiche Lautsignal, zum Beispiel »Schluss«. Hat Ihr Hund ein Jagdobjekt ausgemacht oder spurtet er schon los, geben Sie also sofort das Abbruchsignal. Reagiert er darauf und bricht seine Handlung ab, loben Sie ihn mit einem freundlichen Wort und schlagen eine andere Richtung für den Spaziergang ein. Nach einer Weile können Sie Ihren Hund zu sich rufen und mit ihm eine Übung machen, für die er sich ein Leckerli verdient.

▶ Rufen Sie ihn nicht direkt nach dem Abbruchsignal zu sich, weil er daraus sonst eventuell eine Taktik entwickelt: Wild verfolgen oder anstarren, Abbruchsignal abwarten, auf den Ruf zurückkommen – Leckerli kassieren. Diese unerwünschte Verknüpfung lässt sich gut vermeiden, wenn Sie einen Moment zwischen Abbruchsignal und Belohnen verstreichen lassen.

▶ Wenn Ihr Vierbeiner nach entsprechendem Training entspannt auf dem Weg bleibt, in jeder Situation Blickkontakt zu Ihnen aufnimmt und grundsätzlich gut ansprechbar ist, können Sie die Schleppleine immer öfter weglassen. Idealerweise zuerst in einer Umgebung, wo der Hund nicht auf Dauer Jagdreizen ausgesetzt ist. Im Wald und in ähnlich anspruchsvollem Gelände sollte er jedoch besser länger an der Schleppleine bleiben, bis Sie auch dort zuverlässig abrufbare Trainingserfolge erzielt haben.

Wenn es doch passiert Wenn Ihr Hund trotz allen Trainings einmal auf die Jagd geht und nicht auf Ihr Abbruchsignal reagiert, zeigen Sie ihm mit Ihrer Körpersprache, dass sein Verhalten falsch war, sobald er wieder auftaucht. Nehmen Sie ihn an die kurze Leine und gehen mit ihm auf direktem Weg nach Hause, ohne ihn zu beachten. Wenn Sie Ihren Spaziergang einfach fortsetzen, würde Ihr Hund seinen Jagdausflug als erlaubte Unternehmung betrachten.

Wichtig Kehren Sie umgehend zum Training mit der Schleppleine zurück, wenn Sie merken, dass Ihr Hund in bestimmten Situationen wieder in frühere Verhaltensmuster zurückfällt. Das Trainingsziel ist ein völlig entspannter Freilauf ohne Zwischenfälle und Jagderlebnisse. Das schließt allerdings auch zukünftig nicht aus, dass Sie Ihren Hund in wildreichen Gebieten weiterhin anleinen müssen, weil die Versuchung dort manchmal einfach zu übermächtig ist.

▶ Wenn Sie trotz intensivem Anti-Jagdtraining nicht weiterkommen, sollten Sie die Hilfe eines erfahrenen Hundetrainers in Anspruch nehmen.

CHECKLISTE **AUS KLEINEN JÄGERN WERDEN GROSSE ...**

Falls Sie mit einem Welpen starten, haben Sie gute Chancen, dass aus ihm gar nicht erst ein Jäger wird.

☐ Ihr junger Hund sollte bereits eine gute Bindung zu Ihnen haben, wenn Sie ohne Leine mit ihm spazieren gehen.

☐ Achten Sie auf einen kleinen Radius: Der Welpe oder Junghund sollte sich nicht mehr als maximal 10 Meter von Ihnen entfernen, nur beim Spielen mit anderen Hunden darf es auch einmal etwas mehr sein. Üben Sie regelmäßig einen kleinen Radius mit Richtungswechseln.

☐ Fangen Sie früh mit Aufmerksamkeitsübungen und dem Bogengehen an.

☐ Achten Sie von Beginn an darauf, dass Ihr Hund nicht vom Weg abkommt. Das verringert die Wahrscheinlichkeit, dass er eine Spur verfolgt oder zufällig Wild aufstöbert. Im Wald muss er grundsätzlich immer auf dem Weg bleiben.

☐ Eine gute Sozialisierung auf artfremde Tiere im Alter bis zur 16. Lebenswoche ist die optimale Voraussetzung. Bleiben Sie beim Anblick anderer Tiere immer ganz entspannt, wenden Sie sich dann ruhig ab und belohnen Sie den Welpen, sobald er sich Ihnen zuwendet und Blickkontakt aufnimmt. Bleibt der junge Hund von sich aus ruhig und entspannt, gibt es eine Extraportion Leckerlis.

Die besten Alternativangebote für hartnäckige Jäger

Bieten Sie Ihrem Vierbeiner immer ausreichend Beschäftigung an und machen Sie sich unterwegs für ihn interessant, damit er erst gar nicht auf den Gedanken kommt, bei den Spaziergängen selbst für Unterhaltung sorgen zu müssen. Besonders interessant sind alle Angebote, die der Veranlagung des Hundes entsprechen.

Fährtensuche Immer mit der Nase am Boden einer aufregenden Fährte zu folgen, ist genau das, was viele jagdlich motivierte Hunde begeistert. Der Hund muss sich konzentrieren und wird bestätigt, wenn er am Ende der Fährte auch noch eine tolle Überraschung findet, beispielsweise ein ganz besonderes Leckerli, einen Kauknochen oder sein Lieblingsspielzeug. Es gibt verschiedene Möglichkeiten, die Fährtenarbeit aufzubauen, und im Grunde ist es ganz egal, welcher Duftnote Ihr Hund folgt – Sie können ihm beibringen, jedem Geruch zu folgen. Während Jagdhunde im professionellen Einsatz beispielsweise verletzte Wildtiere suchen, kann Ihr Hund lernen, einer Spur mit Leckerli- oder Käseduft zu folgen. Damit Sie von Anfang an alles richtig machen und ihm viele Entwicklungsmöglichkeiten in Sachen Nasenarbeit bieten, sollten Sie und Ihr Hund die Grundlagen unter der fachkundigen Anleitung von Experten erlernen: Wie sucht ein Hund? Was muss man beim Auslegen der Fährte beachten? Wie schnell dürfen die Ansprüche gesteigert werden? Welche Suchvarianten gibt es, und welche ist dann die richtige für die Supernase Ihres Hundes?

In einer Hundeschule mit entsprechendem Kursangebot oder in einem Hundeverein, in dem auch Fährtenarbeit trainiert wird, sind Sie am besten aufgehoben. Und wenn Ihrem Hund das Schnüffeln unter Anleitung Spaß macht, können Sie vielleicht noch weiter gehen und mit ihm Kurse für Mantrailing und Flächensuche belegen und sich eventuell sogar einer Rettungshundestaffel anschließen.

Apportieren Etwas zu suchen und seinem Halter zu bringen, liegt Retrievern im Blut, doch auch viele andere Vierbeiner haben großen Spaß am Apportieren und können von dieser anspruchsvollen Beschäftigung nicht genug bekommen. Korrektes Apportieren ist Teil der Ausbildung vieler Jagdgebrauchshunderassen und für den jagdlichen Einsatz unersetzlich, wenn ein Hund beispielsweise ein geschossenes Kaninchen sucht und dem Jäger bringt. Eine hervorragende Alternative für die jagdliche Arbeit stellt die Suche nach einem Segeltuch-Dummy dar. Die Anforderungen an den Hund sind mit denen bei der Jagd identisch: Er muss so lange warten, bis er auf die Suche geschickt wird, soll den Dummy finden und seinem Menschen bringen. Gut ausgebildete Hunde stöbern nacheinander mehrere auf einer Wiese oder im Unterholz liegende Dummys auf oder suchen nach entsprechender Einweisung gezielt nach einem bestimmten Objekt. Auch hier gilt: Üben Sie die Grundlagen des Apportierens mit professioneller Anleitung in einer Hundeschule oder im Verein, damit der Trainingsaufbau von Anfang an richtig läuft.

▸ Mit einem Futterbeutel lassen sich häufig auch solche Hunde vom Apportieren begeistern, die normalerweise wenig Interesse haben, die gefundene Beute wieder beim Menschen abzugeben. Der Beutel ist mit Futter gefüllt, und wenn der Hund ihn korrekt zu seinem Halter zurückbringt, darf er sich daraus bedienen. Verstecken Sie den Futterdummy zum Beispiel in einer Wiese, während Ihr Vierbeiner brav im Sitz oder Platz wartet, und schicken Sie ihn dann zum Suchen los. Die Alternative: Lassen Sie ihn neben sich sitzen und werfen Sie den Beutel weg. Der Hund darf erst dann loslaufen, wenn Sie ihm die Erlaubnis dazu geben. Das macht ihm nicht nur viel Spaß, sondern trainiert zusätzlich und spielerisch den Grundgehorsam.

Aufgaben stellen Beauftragen Sie Ihren Hund mit einem Job, der ihn voll und ganz in Anspruch nimmt. Zum Beispiel kann er in wildreichen Gegenden oder im Wald seinen Futterdummy oder ein Spielzeug tragen – natürlich nur dann, wenn er diesen Besitz nicht gegen Artgenossen verteidigt, die er unterwegs trifft, was bei einer solchen Begegnung im Handumdrehen zu wilden Rangeleien führen würde.

Wenn gar nichts geht Leider gibt es Hunde, bei denen es wahrscheinlich nie gelingen wird, sie frei laufen zu lassen, ohne das Risiko einzugehen, dass sie jagen. In manchen Rasseklubs können Hunde unter kontrollierten Bedingungen ihrer Jagdpassion nachgehen, ohne dass dabei andere Tiere gehetzt werden oder zu Schaden kommen. So können Windhunde an Rennen teilnehmen, bei denen sie Attrappen hinterherjagen. Noch näher ans Jagderlebnis kommt das Coursing, bei dem die Attrappe per Seilzug über Rollen geführt wird und so ähnlich wie ein Hase immer wieder die Richtung wechselt. Auch bei Sportarten wie Agility, Flyball und Treibball kann Ihr Hund seinen Bewegungsdrang ausleben.

Hilfe, mein Hund ist ein Streuner!

Auch bei streunenden Hunden kann Jagen zum großen Problem werden. Warum Vierbeiner regelmäßig das Weite suchen und auf die Walz gehen, hat sehr unterschiedliche Ursachen.

▶ Da gibt es natürlich die Rüden, die dem Duft läufiger Hündinnen folgen und unterwegs auf Abwege geraten und dabei die Gelegenheit zum Jagen nutzen.

▶ Andere Vierbeiner sind nicht ausgelastet und erkunden aus lauter Langeweile die nähere und weitere Umgebung. Dabei stoßen sie zwangsläufig auf interessante Fährten oder flüchtendes Wild. Sie verschaffen sich so eine Beschäftigung mit hohem Unterhaltungswert und wollen dieses tolle Erlebnis möglichst oft wiederholen.

▶ So mancher Hund fühlt sich zu Hause nicht mehr wohl. Entweder, weil er Haus, Hof und die Zuneigung seiner Menschen plötzlich mit einem Artgenossen teilen soll, der ihn ständig stresst, oder weil sich seine Lebensumstände anderweitig geändert haben. Auch hier gilt: Hat der Hund unterwegs einmal ein Jagderlebnis, dann will er das möglichst bald wiederholen.

▶ Schließlich sind da noch die Hunde mit dem unstillbaren Freiheitsdrang – gewiefte Ausbrecher, die über hohe Tore springen, sich unter Zäunen durchbuddeln oder jede offene Tür nutzen, um draußen ihren Interessen nachzugehen. Wozu leider oft die Hatz auf Wildtiere gehört.

▶ Dem Streunen Ihres Vierbeiners beugen Sie am besten vor, wenn Haus und Garten möglichst ausbruchsicher sind, vor allem aber, wenn Sie Ihren Hund sinnvoll beschäftigen und auslasten, ihn an vielen Ihrer Ausflüge und Unternehmungen teilhaben lassen und ihm einen geregelten Rahmen und Alltag bieten, der ihn motiviert, gerne bei Ihnen zu sein, damit er nichts verpasst.

Dieser Hund wirkt noch gestresst in Gegenwart der Schafe. Eine größere Distanz hilft zu entspannen.

Wenn ein aggressiver Hund zur Gefahr wird

REGELN FÜR MEHR FRIEDFERTIGKEIT Reagiert der eigene Hund abwehrend oder drohend, ist man als Halter zuerst erschrocken und verunsichert: Was habe ich falsch gemacht, dass mein Hund so böse wird? Dabei gehört Aggressionsverhalten zum Verhaltensrepertoire eines Hundes einfach dazu. Er darf und muss sich in bestimmten Situationen wehren dürfen, so zum Beispiel gegen einen angreifenden Hund. Nicht akzeptabel ist aggressives Verhalten, wenn es

der Situation nicht angepasst ist oder bei anderen zu körperlichen oder seelischen Schäden führt. Da aggressives Handeln dem Hund Erfolgserlebnisse beschert – er rennt bellend auf einen Artgenossen zu, der weicht zurück –, versucht er schon bald, den »Erfolgskurs« auf andere Situationen auszuweiten. Jetzt sind Sie als Halter gefragt: Sie müssen dem Vierbeiner durch Ihr souveränes Verhalten Sicherheit geben und ihm alternative Verhaltensweisen anbieten.

Er bedroht mich, wenn ich ihm
beim Fressen zu nahe komme

Ihr Hund tänzelt erwartungsvoll um Sie herum, während Sie seinen Napf füllen und zum Futterplatz bringen. Doch kaum steht die Schüssel auf dem Boden, wirft er Ihnen einen misstrauischen Seitenblick zu und knurrt, wenn Sie sich nicht schnell genug entfernen. Er hat sogar schon einmal nach Ihnen geschnappt, als Sie ihm den Napf wieder wegnehmen wollten. Bei aller Fürsorge und Rücksichtnahme: So geht es nicht, Ihr Hund muss dringend »Tischmanieren« lernen!

Warum es nicht klappt

Obwohl sich unsere Vierbeiner keine Nahrungssorgen machen müssen, schützen manche die Futterration in ihrem Napf, als wäre es ihre letzte. Dafür gibt es mehrere mögliche Ursachen:

▶ Knurren am Futternapf kann ein erworbenes Verhalten sein. Hat der Hund einmal geknurrt, als sich ihm der Mensch beim Fressen näherte, und wich der daraufhin zurück, lernt der Hund daraus: »Wenn ich bedrohlich knurre, kann ich alles in Ruhe alleine fressen.« Ein Erfolg, der mit jeder Wiederholung bestätigt wird und das Verhalten schnell verfestigt. Diese Hunde versuchen in der Regel auch bei anderer Gelegenheit, ihren Willen durchzusetzen und so ihren Besitz und Status zu behaupten: Sie schmusen und spielen, wenn ihnen danach ist, geben Spielsachen nicht freiwillig her, kontrollieren ihre Menschen oder reagieren mürrisch oder aufsässig, wenn sie den begehrten Liegeplatz räumen sollen.

▶ Der Hund hat nicht gelernt, dass er regelmäßig genügend Futter bekommt und seine Mahlzeiten in Ruhe verputzen darf. Vielleicht ist er erst seit kurzer Zeit in der Familie, hat daher noch nicht das notwendige Vertrauen aufgebaut und fürchtet, dass Sie ihm sein Futter wieder wegnehmen.

▶ Möglich ist auch, dass er früher häufig Hunger leiden musste und ihm die Mahlzeiten deswegen heute so wichtig sind.

▶ Vielleicht musste er sich sein Futter in einem großen Rudel oder als Straßenhund täglich neu erkämpfen und hat gelernt, jeden Happen erbittert zu verteidigen – solche Erfahrungen können das Hundeverhalten sehr stark beeinflussen.

AUF EINEN BLICK

Trainingsziel

Ihr Hund frisst entspannt, auch wenn Sie direkt neben seiner Futterschüssel stehen. Sie können ihm den Futternapf, einen Kauknochen oder Ähnliches wegnehmen, ohne dass er Sie anknurrt, zuschnappt oder ein anderes Drohverhalten zeigt.

Hilfsmittel

Futternapf und Hundefutter; gegebenenfalls ein attraktiveres Tauschobjekt für den Kauknochen, zum Beispiel einen Ochsenziemer oder einen von Ihrem Vierbeiner besonders begehrten Leckerbissen.

Tipps und Trainingszeiten

Üben Sie nur gelegentlich mit Ihrem Hund die »Etikette beim Essen« (→ Seite 24), bis er sich an der Futterschüssel völlig normal und entspannt verhält.

73

Wenn Sie befürchten, dass Ihr Hund doch einmal zubeißt, gehen Sie mit einem Maulkorb auf Nummer sicher. Ideal ist ein Gittermaulkorb aus Leder oder Kunststoff in passender Größe – in ihm kann der Hund hecheln und stößt mit der Nase nicht an. Der Maulkorb muss sicher sitzen, notfalls verbindet man ihn mit dem Halsband. Bieten Sie Ihrem Hund einige Leckerlis im Maulkorb an, damit er sich an das fremde Objekt gewöhnt. Legen Sie ihm dann den Maulkorb an und belohnen Sie ihn nochmals durchs Gitter mit Leckerbissen. Halten Sie ihn davon ab, falls er versucht, sich den Maulkorb abzustreifen, und belohnen Sie ihn von Zeit zu Zeit für ruhiges Verhalten. Nach und nach sollte er ihn längere Zeit tragen. Unbeaufsichtigt darf Ihr Hund dabei nicht sein, er könnte versehentlich mit einer Kralle im Gitter hängen bleiben.

▶ Medikamente, eine Stoffwechselerkrankung oder die Kastration können das Hungergefühl steigern. Das kann so weit gehen, dass der Hund immer Hunger leidet, obwohl er ausreichend versorgt wird. Dadurch nimmt das Futter für ihn einen derart hohen Stellenwert ein, dass er es notfalls knurrend und zuschnappend verteidigt.

So coachen Sie Ihren Hund

Auf Regeln bestehen Überprüfen Sie die Regeln (→ Seite 23 ff.) und schränken Sie auch Privilegien ein, die Ihrem Vierbeiner wichtig sind. Lassen Sie keine Spielsachen oder Kauknochen frei herumliegen. Weisen Sie Tabuzonen in der Wohnung aus und erlauben Sie ihm nicht mehr, auf für ihn strategisch wichtigen Plätzen mit gutem Überblick zu liegen. Dadurch soll der Hund lernen, dass er nicht der Herr im Haus ist und seine vermeintlich hohe Rangstellung im Rudel abgeben und wieder entspannen kann – schließlich ist es sehr anstrengend, ständig alles unter Kontrolle zu behalten.

Stress Stärken Sie das Vertrauen Ihres Hundes zu Ihnen: Sie müssen der souveräne Mensch sein, den er ganz dringend braucht. Dabei helfen Ihnen die Regeln, entspannte Momente mit Streicheleinheiten, ausgelassene Spiele zu zweit, gemeinsame Übungen mit Basistraining und Tricks sowie Aufgaben, die den Hund auslasten und ihm Spaß machen.

▶ Lassen Sie den Vierbeiner in dieser Phase der Um- und Neuorientierung in Ruhe fressen. Verlassen Sie notfalls das Zimmer. Bleibt er jedoch in Ihrer Nähe entspannt, können Sie mit dem Training beginnen. Starten Sie den nächsten Schritt erst, wenn der Hund keinerlei Anzeichen von Stress zeigt.

▶ Bieten Sie ihm die komplette Futterration aus der Hand an, bis er das Futter ohne Hast nimmt.

▶ Legen Sie im nächsten Schritt einige Bröckchen von der Hand in den Napf. Ihr Hund sollte dabei ohne Hektik warten, bis Sie ihm die Erlaubnis zum Fressen geben. Ist er voreilig, nehmen Sie den Napf hoch, damit er nicht herankommt. Warten Sie, bis sich der Vierbeiner wieder völlig entspannt verhält, und stellen Sie ihm den Napf dann noch einmal hin.

▶ Wiederholen Sie diese Übung so lange, bis Ihr Hund wirklich geduldig wartet, bis Sie ihm die Erlaubnis zum Fressen erteilen. Wenden Sie sich etwas vom Napf ab, machen Sie als Sichtzeichen eine einladende Handbewegung zum Napf und geben Sie ein nur dafür bestimmtes Lautsignal, zum Beispiel »Friss«. Hat er alles gefressen, warten Sie kurz ab, bis er sich zu Ihnen umschaut. Setzen Sie ihm dann eine weitere Futterportion vor und signalisieren Sie ihm, dass er weiterfressen darf. Klappt das alles gut, sorgen Sie kurz bevor Ihr Hund die Futterschüssel ganz geleert hat erneut für Nachschub.

▶ Ist er angespannt oder knurrt er doch wieder, brechen Sie die Übung ab und geben ihm eine weitere Futterration erst beim nächsten normalen Fütterungstermin – dann mit einem etwas geringeren Schwierigkeitsgrad.

▶ Reagieren Sie auf keinen Fall aggressiv, wenn Ihr Hund knurrt oder gar nach Ihnen schnappt – sonst riskieren Sie, gebissen zu werden. Kommen Sie mit dem Fütterungstraining nicht weiter oder befürchten Sie von vornherein Probleme, nehmen Sie die Hilfe eines Profis in Anspruch.

Er hat immer Hunger Wenn Ihr Hund ständig Heißhunger hat, sollten Sie darüber mit einem Ernährungsexperten oder dem Tierarzt sprechen. Es gibt verschiedene Futtermittel für Hunde, die durch ihre Zusammensetzung ein schneller einsetzendes oder länger anhaltendes Sättigungsgefühl hervorrufen und den Vierbeiner dabei ausgewogen mit allem versorgen, was er braucht. Klären Sie zuvor mit dem Tierarzt ab, ob das Hungergefühl beim Hund eventuell wegen einer Erkrankung erhöht ist.

Er verteidigt den Knochen Zusätzlich zu den oben genannten Maßnahmen sollten Sie Ihrem Hund ein Aus-Signal beibringen (→ Mein Hund weigert sich, sein Spielzeug herzugeben, Seite 60), wenn er seinen Kauknochen bewacht. Damit er das Hergeben nicht mit einem Verlust verknüpft, schauen Sie sich den Knochen nur kurz an und geben ihn dann an den Hund zurück. Oder offerieren ihm dafür eine attraktive Alternative, zum Beispiel sein Lieblingsspielzeug.

Varianten

Er droht, wenn er angefasst wird Knurrt oder schnappt Ihr Hund, wenn Sie ihn anfassen oder streicheln, frischen Sie die Regeln (→ Seite 23 ff.)

auf und streichen Sie ihm einige Privilegien. Gehen Sie auch dann nicht mehr zu ihm hin, wenn er sich beruhigt hat. Rufen Sie den Vierbeiner vielmehr zu sich, streicheln Sie ihn nur kurz, stehen dann selbst auf und gehen weg. Klappt das nicht und Ihr Hund verhält sich nach wie vor abweisend oder drohend, wenden Sie sich an einen Hundeprofi, um nicht Gefahr zu laufen, gebissen zu werden.

Er reagiert plötzlich aggressiv Verhält sich Ihr bisher friedfertiger Hund ohne erkennbaren Anlass aggressiv, hat er möglicherweise Schmerzen. Er droht dann oder schnappt abwehrend, weil er sich vor Schmerzen fürchtet, wenn er angefasst oder gestreichelt wird. Das muss der Tierarzt umgehend abklären. Erst wenn der Hund nachweislich schmerzfrei ist, üben Sie mit ihm, sich wieder überall von Ihnen berühren zu lassen.

Die Hand gibt Schmackhaftes hinzu. Übungsziel: Der Hund lässt sich Futter (Knochen) stressfrei wegnehmen.

Er hat bestimmte »Feindbilder«,
die er immer wieder attackiert

Gerade eben noch sind Sie von einem Spaziergänger für Ihren freundlichen und vorbildlich erzogenen Vierbeiner gelobt worden. Denn Ihr Hund hat sich auf Ihr Signal hin brav hingesetzt und einen Radfahrer passieren lassen, ohne ihn auch nur eines Blickes zu würdigen. Doch kaum ist das Lob ausgesprochen, springt Ihr vierbeiniger Begleiter auf, zerrt heftig an der Leine und bellt lautstark und wütend einen Mann an, der gerade seinen Regenschirm aufspannt. Das ist ein peinlicher Moment. Und obwohl es kein

Trost ist: Mit solchen Vorfällen werden auch viele andere Halter konfrontiert. Die meisten Hunde haben nämlich ganz bestimmte »Feindbilder«. Die sorgen schnell dafür, dass ein Hund aus der Fassung gerät, etwa weil Spaziergänger scheinbar aus dem Nichts vor ihm auftauchen, weil sich Menschen hektischer bewegen als gewohnt, weil sie auffällig gekleidet sind oder Gegenstände tragen, die ihm nicht geheuer vorkommen.

Warum es nicht klappt

▶ Der Hund wurde nicht ausreichend auf unterschiedliche Menschen und den Kontakt mit Menschen in verschiedenen Situationen sozialisiert und ist daher unsicher. Nach anfänglich vielleicht nur ängstlichem Bellen stellt er fest, dass die meisten Personen verschüchtert zurückweichen, wenn er sie anbellt. Der Erfolg bestätigt ihn in diesem Verhalten – und jede weitere in seinen Augen positive Rückmeldung verfestigt diese Handlungsweise. Mit der Zeit wird das Verbellen für den Hund zur wirksamen Strategie, um die Distanz zu bestimmten Personen selbst bestimmen zu können.

▶ Das Postboten-Phänomen entsteht so: Der Briefträger kommt, wird verbellt, geht – und kommt am nächsten Tag wieder. Für den Hund heißt das: immer noch heftiger bellen, damit er ihn erneut vertreibt.

▶ Viele Hundehalter verstärken ihre bellenden Vierbeiner unabsichtlich, denn sowohl Schimpfen als auch gutes Zureden sind eine willkommene Aufmerksamkeit. Der Hund empfindet das belohnend – und bellt weiter.

AUF EINEN BLICK

Trainingsziel

Ihr Hund bleibt entspannt, wenn er während des Spaziergangs fremden Menschen begegnet. Er zeigt selbst dann keine Anzeichen von Stress, wenn Sie mit ihm direkt an einem Fremden vorbeigehen.

Hilfsmittel

Leckerlis, Leine, eventuell Schleppleine, Kopfhalfter und Maulkorb. Ein Zimmer in Haus oder Wohnung, das für einen kurzfristigen »Stubenarrest« genutzt werden kann.

Tipps und Trainingszeiten

Üben Sie das entspannte Verhalten bei jeder Begegnung, bis es wirklich verankert ist. Trainieren Sie zu verschiedenen Uhrzeiten und an verschiedenen Orten. Bleiben Sie wirklich dran – Aggressionsverhalten sollten Sie nicht akzeptieren.

▶ Der Hund hat tatsächlich schlechte Erfahrungen mit einem bestimmten Menschen gemacht, zum Beispiel, weil er von ihm verjagt, erschreckt oder geschlagen wurde. Vielleicht war diese Person auffällig gekleidet, zum Beispiel mit einer Uniform, trug häufig ein markantes Utensil wie einen Regenschirm mit sich herum oder bewegte sich auf ungewöhnliche Art und Weise. Dann ist es nicht untypisch, dass ein Vierbeiner seine Vorbehalte auf alle Personen überträgt, die diesem »Feindbild« ähneln.

So coachen Sie Ihren Hund

Grundsätzliches Ihr Hund sollte nicht mehr in Situationen kommen, wo er Personen anbellen kann, da er mit jeder neuen »Bell-Arie« weiter auf Erfolgskurs fährt und Sie noch mehr Zeit brauchen, um das unerwünschte Verhalten abzutrainieren. Es hilft meist auch nicht, wenn die betreffende Person dem Hund ein Leckerli gibt. Er wird es annehmen, danach aber weiterbellen, weil der Leckerbissen seine Skepsis nicht beseitigt und er zudem fürs Bellen noch durch die fremde Person belohnt wird. Wenn Ihnen Freunde beim Training helfen, sollten sie den Hund komplett ignorieren und sich eng an Ihre Instruktionen halten. Im häuslichen Umfeld fällt es Hunden schwerer, sich gut zu benehmen. Üben Sie daher zunächst auf neutralem Terrain. Nehmen Sie den Hund zur Sicherheit an die Leine oder mit Brustgeschirr an die Schleppleine (→ Seite 45 ff.).

▶ Sie sind das Vorbild. Versuchen Sie, ruhig und souverän zu bleiben, auch wenn es manchmal schwerfällt. Hektisches und unsicheres Verhalten signalisiert dem Hund, dass es sich tatsächlich um eine Stresssituation handelt beziehungsweise sein Halter der Lage nicht gewachsen ist.

▶ Sehen Sie nicht zuerst die fremde Person, dann den Hund und danach wieder die Person an. Ihr Hund könnte das so auslegen, als würden Sie den

Dieser Hund wirkt sehr angespannt, weil er einen Artgenossen sieht. Lösen Sie seinen Konflikt mit der Aufmerksamkeitsübung (→ Seite 32).

Fremden ebenfalls merkwürdig finden. Nachdem Sie die Person wahrgenommen haben, schauen Sie am besten gelangweilt zur Seite und gehen nicht direkt auf sie zu. Damit signalisieren Sie Ihrem Hund: »Ich habe diesen Menschen registriert und als ungefährlich eingestuft.«

▶ Vermeiden Sie Negativkommentare wie »Oje«, weil das dem Hund suggeriert, dass etwas nicht in Ordnung oder sogar bedrohlich ist.

▶ Arbeiten Sie zusätzlich mit Ihrem Vierbeiner an den Regeln (→ Seite 23), am Laufen an lockerer Leine (→ Seite 52) und an Richtungswechseln beim Freilauf (→ Seite 47). So lernt er, sich stärker an Ihnen zu orientieren.

Alternativen anbieten Es ist wenig sinnvoll, eine unerwünschte Verhaltensweise immer nur zu verbieten, da sich dann schnell Frust aufbaut. Leiten Sie Ihren Hund vielmehr zu einem erwünschten Alternativverhalten an, mit dem er sich Lob oder sogar eine Belohnung verdienen kann – und zwar bevor er zu bellen beginnt. Setzen Sie die Strategien (→ Seite 28 ff.) zunächst bei jeder entgegenkommenden Person ein, damit er den neuen Lösungsweg schnell begreift. Gehen Sie mit dem angeleinten Hund im Bogen um den Menschen herum und führen Sie Ihren Hund auf der abgewandten Seite (Splitting). Starrt er die Person an, bieten Sie ihm die Aufmerksamkeitsübung an. Fehlt der Platz zum Ausweichen, drehen Sie sich um und gehen in entgegengesetzte Richtung, um die Distanz zu vergrößern. Üben Sie in größerer Distanz erneut die Strategien, bis Ihr Hund entspannt bleibt. Loben und belohnen Sie ihn mit attraktiven Leckerlis, wenn er Ihre Lösungsangebote annimmt.

Wichtig Lob und Belohnung gibt es nur, wenn er zuvor weder geknurrt noch gebellt hat, da Sie sonst das unerwünschte Verhalten verstärken.

▸ Bellt der Hund aber doch einen Menschen an, weil Sie möglicherweise für kurze Zeit unauf-

merksam waren oder die angebotene Strategie noch nicht ausreichte, erhält er ein Abbruchsignal, etwa »Hör auf« (→ Seite 27). Geben Sie das Signal in ernstem Ton, aber schreien Sie nicht. Drängen Sie Ihren Hund zusätzlich von der Person weg. Gehen Sie dabei frontal auf ihn zu und weg von der Person. Setzen Sie dieses Mittel aber nur ein, wenn Sie sicher sind, dass Ihr Hund Ihnen gegenüber freundlich bleibt. Brechen Sie den Spaziergang anschließend ab und gehen Sie mit dem Hund an lockerer Leine nach Hause, ohne ihm dabei Aufmerksamkeit zu schenken. Achten Sie darauf, dass Ihr Vierbeiner hinter Ihnen geht, und geben Sie ihm keine Gelegenheit zum Schnuppern.

Strategien beim Freilauf Wenn Ihr Vierbeiner die Strategien an kurzer Leine verstanden hat und er sich gut an Ihnen orientiert, können Sie den Freilauf üben. Nehmen Sie den Hund sicherheitshalber an die Schleppleine, die Sie bei Bedarf in der Hand halten. Gehen Sie den Bogen, Ihr Hund soll Ihnen dabei folgen. Loben und belohnen Sie ihn, wenn er mitläuft und ruhig und entspannt bleibt. So verstärken Sie das erwünschte Verhalten positiv. Geht er den Bogen nicht mit, nehmen Sie ihn an der Schleppleine mit. Vergrößern Sie die Distanz zur fremden Person, wenn Ihr Hund sie auch weiterhin fixiert, und bieten Sie ihm die Aufmerksamkeitsübung an. Je sicherer und entspannter er mit der Zeit wird, desto kleiner kann der Bogen ausfallen. Schließlich müssen Sie mit ihm nur noch ein paar Schritte zur Seite gehen. Dieses Manöver sollten Sie künftig beibehalten, weil es im Hundeverhalten eine Geste der Konfliktvermeidung darstellt.

▸ Bellt Ihr Hund während des Freilaufs doch eine Person an, geben Sie das Abbruchsignal (→ Seite 27). Hört er daraufhin zu bellen auf und wendet sich von der Person ab, nehmen Sie ihn ruhig an die Leine und setzen Ihren Weg fort. Ignorieren Sie ihn für etwa fünf Minuten. Danach darf er wieder frei laufen. Stoppt er sein Bellen nicht,

Verbellt zu werden, ist für Mensch und Hund unangenehm. Rechtzeitig an die Leine nehmen und Distanz vergrößern kann so ein Verhalten verhindern.

gehen Sie zu ihm hin und leinen ihn an. Verfahren Sie dann wie beim Abbruchsignal an der Leine und beenden Sie den Spaziergang.

Besser an die Leine, wenn sich ein Welpe nähert ...

Den Welpenschutz gibt es nicht bei fremden Hunden, sondern nur im eigenen Rudel. Und selbst da ist er nicht immer garantiert. Ein erwachsener Hund darf einen Welpen aber nicht grundlos und mit unangepasster Härte maßregeln oder gar beißen. Der körperlich unterlegene Junghund kann dabei nicht nur ernsthaft verletzt werden, sondern eine lebenslange Furcht vor Artgenossen entwickeln. Bitten Sie den Welpenbesitzer rechtzeitig, den Kleinen anzuleinen und nicht zu Ihrem Hund hinlaufen zu lassen. Leinen auch Sie Ihren Hund an. Ist der Welpenbesitzer kooperativ, kann man aus sicherer Distanz, beide Hunde an der Leine, ein entspanntes Verhalten üben. Das unterstützen Sie zum Beispiel mit der Aufmerksamkeitsübung (→ Seite 32). Benimmt Ihr Hund sich vorbildlich, belohnen Sie ihn. Ignorieren Sie dabei den Welpen, auch wenn es Ihnen schwerfällt.

KRITISCHE SITUATIONEN MIT KINDERN VERMEIDEN

Kinder laufen meist auf wackeligen Beinen, sie rennen, schreien, lachen, sie wollen Hunde streicheln, hochheben oder umarmen und gehen dabei nicht immer behutsam mit ihnen um. Für einen Hund sind das große Herausforderungen. Geben Sie Ihrem Hund Sicherheit, indem Sie ihm bei Begegnungen und beim Spiel mit Kindern helfen und ihm zum Beispiel die Möglichkeit anbieten, sich zurückzuziehen, wenn es ihm zu viel wird.

▶ Schützen Sie den Hund vor Kindern, indem Sie nicht zulassen, dass er von den Kindern derb angefasst oder geärgert wird. Gehen Sie einfach rasch mit ihm weg, wenn er wie ein Spielzeug behandelt wird.

▶ Lassen Sie nicht zu, dass Ihr Hund von Kindern überfordert wird. Reagiert er unsicher auf Kinder, sollten Sie ihn beispielsweise nicht zu einem Kindergeburtstag mitnehmen, um unkontrollierbare Situationen zu vermeiden.

▶ Natürlich soll Ihr Hund einen adäquaten Umgang mit Kindern lernen, und es ist schon ein Erfolg, wenn er sie ignoriert. Üben Sie wie beschrieben, wenn Sie Ihrem Hund bereits vertrauen können und er die Strategien sicher beherrscht – aber nur in kontrollierbaren Trainingssituationen. Gehen Sie dabei nie so nahe zu einem Kind, dass dieses sich unwohl fühlt oder Ihr Hund eventuell doch unerwünschtes Verhalten zeigt. Holen Sie immer das Einverständnis der Eltern ein, wenn Sie mit Hund und Kind üben möchten – und fragen Sie natürlich auch das Kind.

▶ Für Kinder ist es furchtbar und oft fürs ganze Leben prägend, wenn sie ein Hund attackiert. Achten Sie darauf, dass Ihr Hund nie zu fremden Kindern läuft. Sollten Sie sich nicht sicher sein, gehört er vorsichtshalber an Leine oder Schleppleine und muss gegebenenfalls Kopfhalfter oder Maulkorb tragen.

Er mag fremde Hunde nicht,
provoziert sie und fängt Streit an

Ihr Vierbeiner hat seine Hundekumpels. Mit denen spielt und tobt er ausgelassen und versteht sich bestens. Doch immer, wenn er auf fremde Artgenossen trifft, führt er sich unmöglich auf, provoziert sie oder fängt Streit an.

Warum es nicht klappt

▶ Der Hund wurde schlecht sozialisiert und hat nicht gelernt, korrekt mit Artgenossen zu kommunizieren. Daher ist er unsicher bei Begegnungen mit anderen Hunden und überspielt die eigene Unsicherheit erfolgreich mit der Strategie »Angriff ist die beste Verteidigung«.

Der Weiße Schäferhund ist dem Dalmatiner etwas zu forsch. Mit langer Maulspalte und nach hinten gelegten Ohren versucht dieser auszuweichen.

▶ Er hat schlechte Erfahrungen mit Hunden eines bestimmten Typs gemacht und verhält sich dem Hundetyp gegenüber vorbeugend aggressiv.
▶ Sein Besitzer ist nervös, wenn er einen fremden Hund sieht, und fördert damit das Verhalten seines Hundes unbewusst, der dann häufig die Rolle des Beschützers übernehmen will.
▶ Der Halter reagiert schon beim Anblick eines fremden Hundes mit Beruhigen oder Ermahnen. Für den Hund ist das eher eine Motivation, erregt zu reagieren.
▶ Vor allem unkastrierte Rüden spielen gern den Macho. Ihre Aggressionsbereitschaft steigt, wenn sie läufigen Hündinnen imponieren wollen.
▶ Der Hund verteidigt sein Spielzeug gegenüber zudringlichen Artgenossen.
▶ Er attackiert andere Hunde, wenn sie seinem Menschen zu nahe kommen, weil der beispielsweise Leckerlis in der Jackentasche hat.
▶ Er hat Schmerzen und will andere Hunde auf Abstand halten, weil er befürchtet, sie könnten ihm weitere Schmerzen verursachen.

So coachen Sie Ihren Hund

▶ Halten Sie die Grundregeln (→ Seite 23 ff.) ein und nutzen Sie die Strategien (→ Seite 28 ff.) sowie die geeigneten Hilfsmittel (→ Seite 34).
▶ Üben Sie mit Ihrem Hund Richtungswechsel, damit er sich an Ihnen orientiert.
▶ Nehmen Sie ihn an Leine oder Schleppleine, wenn Sie befürchten, dass er einen Artgenossen attackiert. Zieht er stark, verwenden Sie ein Kopfhalfter, versucht er andere Hunde zu beißen oder zu zwicken, einen Maulkorb.

▶ Vergrößern Sie die Distanz und gehen Sie einen Bogen, wenn er den Artgenossen anstarrt. Geht er freiwillig mit und verhält sich friedlich, nähern Sie sich dem anderen Hund, allerdings nicht frontal. Ihr Hund soll die Möglichkeit zur freundlichen Kontaktaufnahme bekommen.

▶ Suchen Sie zunächst Hunde, auf die Ihr Hund weniger heftig reagiert, damit er sich langsam an Ihre neuen Lösungsvorschläge gewöhnen kann.

▶ Geben Sie den Hunden keinen Anlass zum Streit und setzen Sie Futter oder Spielzeug nicht ein, solange andere Hunde in der Nähe sind.

▶ Lernen Sie das Verhalten der Hunde zu analysieren, um mögliche Konflikte schon im Vorfeld zu erkennen. Stellen Sie sich zum Beispiel nicht direkt neben Hunde, die sich gerade beschnuppern. Sie sollten sie auch nicht rufen oder mit ihnen schimpfen, um den Stress der beiden nicht noch zu erhöhen.

▶ Bei gleich starken Kontrahenten entspannen sich Konflikte unter frei laufenden Hunden am schnellsten, wenn sich ihre Halter ohne weiteres Aufheben entfernen. Sie machen ihren Hunden damit den Weg frei, die Konfrontation aufzugeben. Ohne die Rückendeckung ihrer Besitzer verlässt viele Hunde schnell der Mut. Falls weitere, bisher unbeteiligte Hunde dabei sind, sollte man sie mitnehmen, damit sie sich nicht doch noch einmischen. Die Kontrahenten selbst kommen an die Leine, sobald sie in Reichweite sind, und setzen mit ihren Haltern den Spaziergang in entgegengesetzte Richtungen fort.

▶ Nehmen Sie bei Bedarf professionelle Hilfe in Anspruch.

Variante: Hundebesuch zu Hause

Kündigt sich Besuch mit Hund an, kann man meist nicht vorhersagen, wie gut Ihr Vierbeiner und der Besuchshund miteinander klarkommen. Sorgen Sie von vornherein dafür, dass Ihr Hund keine Notwendigkeit sieht, auf seine Besitzrechte

zu pochen: Räumen Sie Futternapf und Spielsachen weg, damit er nicht ständig auf sie aufpassen muss. Gehen Sie mit Ihrem Besuch spazieren, bevor der angeleinte Gasthund in die Wohnung darf. Befürchten Sie, dass Sie Ihren Hund nicht halten können, sollte er ein Kopfhalfter tragen, bei aggressiven Haushütern ist der Maulkorb angesagt. Beide Hunde bekommen Liegedecken, auf denen sie neben ihren Haltern

AUF EINEN BLICK

Trainingsziel

Ihr Hund bleibt gegenüber Artgenossen auch bei den ersten Begegnungen freundlich und gelassen. Aus Konfliktsituationen lässt er sich jederzeit abrufen und wendet seine Aufmerksamkeit immer Ihnen zu.

Hilfsmittel

Leckerlis; Leine, eventuell Brustgeschirr, Schleppleine, Kopfhalfter, Maulkorb.

Tipps und Trainingszeiten

Trainieren Sie die Strategien bei jeder Hundebegegnung, sowohl im direkten Kontakt als auch im Bogengehen.
Überfordern Sie Ihren Hund aber nicht. Bieten Sie ihm zwischendurch entspannte Spaziergänge mit seinen Hundekumpels an und wählen Sie regelmäßig hundefreie Gebiete, um eine stressfreie Zeit zu zweit zu genießen.

und in gehörigem Abstand voneinander Platz machen sollen. Beide Hunde sind an der Leine, die ihre Besitzer in der Hand halten. Vorrangiges Ziel ist es, dass die Hunde ruhig und entspannt bleiben und sich gegenseitig im gleichen Zimmer akzeptieren. Je nach Temperament und Charakter der beiden sind manchmal mehrere Besuche nötig, bis das reibungslos funktioniert.

STOPPT DIE KASTRATION AGGRESSIVES VERHALTEN?

Die Kastration kann das Verhalten des Hundes stark beeinflussen – allerdings nicht immer in der gewünschten Weise. Fragen Sie einen Verhaltenstherapeuten, um zu klären, ob eine Kastration bei Ihrem Hund ratsam ist, um sein aggressives Verhalten zu dämpfen.

▶ **Kastration der Hündin** Die Kastration ist nur sinnvoll, wenn die Aggressionen der Hündin mit der Läufigkeit zusammenhängen. Ziehen Sie einen Verhaltenstherapeuten zurate, eventuell sollten Sie auch Zyklusbestimmungen vornehmen lassen. Ansonsten ist die Kastration der Hündin in Bezug auf das Aggressionsverhalten eher kontraproduktiv, da der Eingriff gerade die sanft machenden weiblichen Hormone ausschaltet.

▶ **Kastration des Rüden** Beim Rüden kann ein gesteigertes Aggressionsverhalten verschiedene Ursachen haben. Die Kastration des Rüden führt zur verminderten Ausschüttung des Hormons Testosteron, von dem nach dem Eingriff nur noch kleine Mengen in der Nebennierenrinde produziert werden. Durch Testosteron induzierte Aggressionen nehmen also deutlich ab. Das bedeutet nicht, dass nach einer Kastration bei einem aggressiven Rüden alles gut wird. Denn auch weiterhin kann sowohl erlerntes wie auch durch mangelhafte Sozialisierung ausgelöstes Aggressionsverhalten abgerufen werden. Manche Rüden zeigen sich nach einer Kastration sogar unsicherer im Umgang mit ihren Artgenossen und können so zumindest vorübergehend aggressiver als zuvor reagieren. Gegebenenfalls müssen sie erst wieder Strategien für die friedliche Koexistenz mit anderen Hunden erlernen. Eine Verhaltensänderung ist nur möglich, wenn Sie Ihrem Hund zusätzlich die richtigen Lösungsansätze anbieten und geduldig mit ihm trainieren.

Im zweiten Schritt führt einer der Halter seinen Hund an lockerer Leine durch den Raum, achtet dabei aber darauf, dem anderen Vierbeiner nicht zu nahe zu kommen. Bleiben beide Hunde auch in dieser Situation friedlich, gibt es eine Belohnung, falls eine solche Futtergabe nicht für neue Animositäten sorgt. Selbst wenn sich die Vierbeiner vorbildlich verhalten, sollte dieser Ablauf auch bei späteren Besuchen wiederholt werden.

Variante: Besuch im Restaurant

Trainieren Sie zunächst den Hundebesuch bei sich zu Hause. Klappt das mit ausgewählten Übungspartnern wie erhofft, folgt als nächster Trainingsschritt der Besuch in einem spärlich besuchten Gartenrestaurant oder Biergarten, wo Sie notfalls sofort aufstehen und weggehen können. Der Hund liegt angeleint auf seiner Decke neben Ihnen, die Leine halten Sie in der Hand. Belohnen Sie ihn, wenn er beim Anblick eines anderen Hundes ruhig bleibt. Starrt er den Artgenossen an, stehen Sie auf und gehen weg, bis Ihr Hund wieder entspannt ist. Wendet er Ihnen danach seine Aufmerksamkeit zu, loben und belohnen Sie ihn, aber nur, wenn er vorher nicht geknurrt oder gebellt hat. Gehen Sie dann wieder zum Tisch und verfahren Sie weiter so, dass Ihr Hund belohnt wird, wenn er ruhig bleibt, und Sie aufstehen, wenn er starrt, knurrt oder bellt.

An der Leine verhält er sich
aggressiv zu anderen Hunden

Die gemeinsamen Spaziergänge sollten eigentlich eine Freude für Mensch und Hund sein. Von Vergnügen kann aber keine Rede sein, wenn sich der Vierbeiner beim Anblick eines Artgenossen sofort in die Leine hängt, den anderen anstarrt, knurrt und bedrohlich bellt. Bald wird man sogar schon beim Anblick anderer Hunde nervös, weil man Sorge hat, den eigenen Vierbeiner festhalten zu können, und eine üble Rauferei befürchtet. Dann werden die täglichen Gassi-Runden für Sie zum Spießrutenlauf, und Ihrem Hund eilt ein zweifelhafter Ruf voraus. Keine Sorge: Mit dem richtigen Training werden Sie die Spaziergänge mit Ihrem Vierbeiner bald wieder genießen.

Warum es nicht klappt

Für das als »Leinenaggression« bezeichnete Verhalten gibt es viele Ursachen, die leider für Laien nicht immer einfach zu unterscheiden sind.

▶ Der Hund wurde im Rahmen der Sozialisierung nicht ausreichend an Artgenossen gewöhnt oder hat schlechte Erfahrungen mit ihnen gemacht und reagiert deswegen bei Begegnungen unsicher oder sogar ängstlich. Diese Unsicherheit verstärkt sich an der Leine noch, weil er dann nicht ausweichen kann.

▶ Der Halter vermittelt seinem Hund nicht ausreichend das Gefühl, ihn zu beschützen. Da der Hund nicht weglaufen kann, versucht er den anderen durch aggressives Verhalten auf Abstand zu halten.

▶ Selbst unsichere Hunde, die im Freilauf mit eingekniffener Rute vor jedem größeren Hund das Weite suchen würden, fühlen sich an der Lei-

ne manchmal ganz stark, weil der Mensch seinem Hund unbeabsichtigt Rückendeckung gibt.

▶ Wegen mangelndem Kontakt zu anderen Hunden hat der Vierbeiner übliche Benimmregeln nicht gelernt. Der unerfahrene Hund starrt den anderen unverhohlen an, hält die notwendige Distanz nicht ein und will sofort unter Beweis stellen, dass er ein tougher Typ ist. Da ihn die Leine daran hindert, veranstaltet er ein großes Spektakel und wird aggressiv. Meist sind es Rüden, die alle Benimmregeln vergessen.

AUF EINEN BLICK

Trainingsziel

Ihr Hund verhält sich an der Leine anderen Hunden gegenüber neutral. Weder starrt er sie an, noch bellt und knurrt er oder zeigt sich in anderer Weise aggressiv.

Hilfsmittel

Leckerlis; Leine, gegebenenfalls ein Kopfhalfter; möglichst auch ein kooperativer Hundehalter mit einem friedfertigen Hund.

Tipps und Trainingszeiten

Üben Sie mindestens einmal täglich, am besten jedoch häufiger. Damit Ihr Hund die Übungen nicht mit bestimmten Tageszeiten und Trainingsplätzen verknüpft, sollten Sie Zeiten und Orte variieren. Je nach Hund und Trainingshäufigkeit kann es einige Wochen dauern, bis er sich an der Leine gesittet und aggressionsfrei benimmt.

▸ Auch Hunde haben individuelle Sympathien und Antipathien gegenüber Artgenossen, daraus entwickeln sich manchmal regelrechte Erzfeindschaften. Im eigenen Straßenviertel ist das oft besonders ausgeprägt. Während der Vierbeiner an den meisten anderen cool vorübergeht, flippt er regelrecht aus, wenn er den verhassten Kontrahenten trifft. Der Grund kann ein negatives Erlebnis mit diesem Hund sein. Manche Hunde übertragen schlechte Erfahrungen mit einem bestimmten Artgenossen auch auf alle anderen Artgenossen, die diesem »Feind« ähnlich sehen.

> 🐾 Selbst unsichere Hunde fühlen sich an der Leine oft besonders stark.

▸ Der Mensch am anderen Ende der Leine bestärkt das Verhalten des Radaubruders oft noch. Viele Besitzer versuchen ihre Vierbeiner mit freundlichen Worten zu beruhigen – beim Hund kommt das aber wie ein Lob an.
Oder der Halter wirkt hektisch, schreit seinen Hund an und zerrt an der Leine und macht so selbst Spektakel. Sein Hund sieht sich bestätigt: Mein Mensch macht mit und feuert mich an. Eventuell gibt er sogar dem anderen Hund die Schuld für die in seinen Augen willkürliche Bestrafung und reagiert noch heftiger. Auch direktes Aufeinanderzulaufen an der Leine wirkt auf Hunde bedrohlich.

So coachen Sie Ihren Hund

Schimpfen Sie Ihren Hund nie, wenn er bellt! Oft genug – siehe oben – kommt das falsch bei ihm an und wird als Anfeuerung verstanden. Aber auch beruhigende Worte sind fehl am Platz, da sie als Lob missdeutet werden können. Und weil ein Hund sein aggressives Verhalten zudem als selbstbelohnend empfindet – schließlich hat er den Feind vertrieben –, wird er es so lange nicht ändern, bis er eine Alternative gelernt hat.

Sie sind der Boss Festigen Sie zunächst noch einmal die Regeln (→ Seite 22 ff.), damit Ihr Hund Sie als souveränen Chef anerkennt, der ihm Sicherheit gibt. Das verleitet den Hund dann auch nicht dazu, die Rolle des Beschützers selbst zu übernehmen.

▸ Trainieren Sie mit ihm die Aufmerksamkeitsübung (→ Seite 32) und das Gehen an der lockeren Leine (→ Seite 52). Dabei sollte der Hund nicht vor, sondern neben dem Besitzer laufen, um sich gut an diesem orientieren zu können. Anfangs trainieren Sie mit dem Hund in möglichst stressfreier Umgebung und mit kurzen Übungseinheiten, später steigern Sie Trainingsdauer und Ablenkung sukzessive.

▸ Vermeiden Sie während des Basistrainings unkontrollierte Begegnungen mit anderen Hunden und gehen Sie gegebenenfalls rechtzeitig einen weiten Bogen oder kehren Sie um. Bieten Sie Ihrem Hund hingegen regelmäßig Kontakte zu Artgenossen, mit denen er sich gut verträgt.

Begegnungen gezielt üben Vielleicht kennen Sie nette und hilfsbereite Hundehalter, die sich mit ihren friedfertigen Vierbeinern als Trainingspartner anbieten. Findet sich niemand, fragen Sie in einer Hundeschule oder einem Hundeverein an. Wählen Sie fürs erste Aufeinandertreffen ein Gebiet, das Ihr Hund nicht als Revier betrachtet. Rund ums Haus und auf den gewohnten Gassiwegen ist das Aggressionsverhalten an der Leine in der Regel am größten. Bei einem Hund, der Ihnen körperlich überlegen ist und sich an der Leine nicht steuern lässt, hilft ein Kopfhalter (→ Seite 34). Achten Sie darauf, dass alle beteiligten Hunde angeleint sind und keiner Ihnen und Ihrem Vierbeiner unkontrolliert zu nahe kommt. Sie müssen die Gewissheit haben, die Situation stets kontrollieren zu können, und sollten das auch dem Hund vermitteln.

Schritt für Schritt zur Toleranz Probieren Sie aus, wie groß die Minimaldistanz ist, die Ihr Hund zu anderen noch akzeptiert, und bei welcher der erlernten Strategien er am besten entspannt. Schaut er zu dem fremden Hund und starrt ihn an, vergrößern Sie die Distanz. Gehen Sie dabei zügig und bestimmt so weit weg, bis Ihr Hund seine Aufmerksamkeit wieder ganz auf Sie richtet. Hat er weder gebellt noch geknurrt, loben und belohnen Sie ihn dafür – selbst wenn der andere Hund schon außer Sichtweite ist. Wiederholen Sie das Distanz-Training, bis Ihr Vierbeiner schnell und freiwillig mit Ihnen umkehrt. Und bitte die Belohnung nicht vergessen!

▶ Im nächsten Schritt bieten Sie Ihrem Hund eine Aufmerksamkeitsübung an, sobald er den anderen Hund sieht. Reagiert er auf Sie, gibt es wieder eine attraktive Belohnung. So lernt er, dass es sich lohnt, wenn er trotz der Nähe eines Artgenossen auf seinen Menschen achtet. Nach mehreren Wiederholungen verknüpft er das positive Erlebnis mit dem fremden Hund.

▶ Klappt das zuverlässig, gehen Sie in einem großen Bogen um den Übungshund herum. Sie befinden sich zwischen Ihrem und dem anderen Hund. Fixiert Ihr Hund den Artgenossen, schieben Sie sich in sein Blickfeld, vergrößern die Distanz und entspannen die Situation eventuell durch eine Aufmerksamkeitsübung. Schlagen Sie beim nächsten Mal einen größeren Bogen ein. Je ruhiger Sie bei der Aktion sind, desto sicherer fühlt sich der Hund.

▶ Läuft Ihr Hund bereitwillig mit und wirkt dabei entspannt oder schenkt Ihnen seine volle Aufmerksamkeit, dann wird er ausgiebig gelobt und mit besonders attraktiven Leckerlis belohnt. Nun können Sie die Distanz zum Gegenüber weiter verringern und die Schwierigkeit erhöhen, indem Sie fremden Hunden begegnen. Grundsätzlich stellen sich Übungserfolge leichter und schneller ein, je mehr Hunde Ihren Vierbeiner ignorieren und seinen Blickkontakt nicht erwidern.

Abdrängen erlaubt Einen Vierbeiner, der sich Ihnen gegenüber auch im Extremfall absolut friedfertig verhält – und beispielsweise nicht aus Frustration in Ihr Hosenbein beißt –, dürfen Sie abdrängen, wenn er den Kontrahenten anknurrt oder anbellt. Drängen Sie ihn mit einem entschlossenen Auf-ihn-Zugehen zur Seite und setzen Sie so ein deutliches Zeichen, dass Sie sein Verhalten nicht akzeptieren. Hören Sie erst dann damit auf, wenn Ihr Hund die Ohren anlegt, seinen Blick abwendet und Ihnen ausweicht. Drängen Sie ihn sofort wieder ab, sobald er erneut den anderen Artgenossen anstarrt oder verbellt.

▶ Sollte seine Attacke extrem heftig ausfallen oder Sie sind nicht sicher, wie er auf Sie in dieser Situation reagiert, dann geben Sie ein Abbruchsignal, zum Beispiel »Schluss!« (→ Seite 27), und gehen sofort mit Ihrem angeleinten Hund nach Hause, ohne ihn weiter zu beachten. Fortsetzen sollten Sie das Hundetraining jetzt nur mit professioneller Hilfe.

Anstarren ist unter Hunden eine Bedrohung und führt nicht selten zu Aggressionsverhalten. Besonders dann, wenn man den Besitzer als Rückhalt spürt.

Der schwierige Umgang mit ängstlichen Hunden

MIT SOUVERÄNITÄT UND RUHE GEGEN DIE ANGST
Ein Hund kann sich vor allem Möglichen fürchten: vor anderen Hunden, vor Menschen, vor Geräuschen und uns völlig harmlos erscheinenden Gegenständen. Häufig entstehen solche Ängste, weil der Vierbeiner als Welpe in seiner Sozialisierungsphase nicht genug Erfahrungen gesammelt hat. Das lässt sich nachträglich nicht mehr ändern, doch das mangelhafte Selbstbewusstsein seines Hundes kann der Halter positiv beeinflussen. Überlassen Sie Ihren Hund nicht seiner Ängstlichkeit, sondern zeigen Sie ihm, wie er sie regulieren oder sogar überwinden kann. Dafür gibt es einfache, aber sehr effiziente Strategien. Sie helfen besser als tröstende Worte, mit denen man oft eher das Gegenteil erreicht, weil sie den Vierbeiner in der Angst noch bestärken. Auch hier ist wieder der souveräne Halter gefordert, der dem Hund durch Gelassenheit und Ruhe einen sicheren Lernrahmen gibt.

Mein Hund fürchtet sich
vor fremden Menschen

Ihr Hund ist eigentlich ein richtig aufgewecktes Kerlchen, spielt ausgelassen mit anderen Hunden, tobt über die Wiese und liebt es, von Ihnen gestreichelt zu werden. Doch sobald sich ihm fremde Menschen nähern, nimmt er Reißaus. Gibt es keine Fluchtmöglichkeit mehr, sitzt er da wie ein Häufchen Elend und hat sogar schon zugeschnappt, wenn Fremde ihn anfassen wollten. Das ist für Ihren Hund genau wie für Sie ein unhaltbarer und belastender Zustand.

Warum es nicht klappt

▶ In den meisten Fällen stellt sich heraus, dass der Hund im Welpenalter nicht genügend auf den Umgang mit Menschen sozialisiert wurde.
▶ Menschen, die Ihr Hund nicht kennt, sind ihm unheimlich. Das liegt häufig am freundlich gemeinten – aber leider falschen – Verhalten vieler Menschen gegenüber einem Hund, wenn sie sich zum Beispiel über ihn beugen, um ihm den Kopf zu tätscheln, sich förmlich auf den armen Kerl stürzen, ihn ungefragt streicheln oder plötzlich hochheben. Auch auf selbstbewusste Vierbeiner wirkt das alles sehr bedrohlich. Ein Hund kann zwei unterschiedliche Strategien entwickeln, um sich aus der Affäre zu ziehen: Er rennt zukünftig lieber gleich vor Fremden und den zu erwartenden Knuddelattacken davon. Oder er hat gelernt, dass fremde Zweibeiner vor ihm zurückweichen, wenn er sie anbellt oder böse anknurrt. Je erfolgreicher das funktioniert, desto mehr festigt sich seine Abwehrstrategie.
▶ Er hat schlechte Erfahrungen mit einer Person gemacht und überträgt das auch auf andere.

So coachen Sie Ihren Hund

Ihre Aufgabe ist es, dem Hund ein souveränes Vorbild zu sein, um ihm Sicherheit zu vermitteln und ihn zu veranlassen, sich stärker an Ihnen zu orientieren (→ Regeln, Seite 22 ff.; Strategien, Seite 28 ff.). Versuchen Sie, ungeplante Begegnungen mit anderen Spaziergängern während der Trainingsphasen zu vermeiden. Gezielt herbeiführen sollten Sie hingegen Begegnungen mit Personen, die Sie vorher darum gebeten haben,

Ihren Hund nicht zu beachten. Das ist die beste Voraussetzung dafür, dass die Treffen stressfrei für ihn ablaufen.

Entscheidend ist, dass Sie bei den Begegnungen nicht auf die Unsicherheit Ihres Hundes eingehen. Trösten oder beruhigen Sie ihn nicht, versuchen Sie nicht, ihn gegen seinen erkennbaren Willen zu einer Annäherung zu »überreden« oder ihn gar dazu zu zwingen.

▶ Testen Sie, auf welche Entfernung Ihr Hund beim Anblick eines fremden Menschen noch entspannt bleibt, und halten Sie diesen Abstand ein. Führen Sie den Hund auf der vom Passanten abgewandten Seite. Bei diesem sogenannten Splitten (→ unten) sind Sie der Schutzwall, und

der Hund ist dahinter in Sicherheit. Gehen Sie dann ruhig und entspannt im großen Bogen an dem Fremden vorbei. Achten Sie darauf, dass Ihr vierbeiniger Begleiter an lockerer Leine läuft. Zögert er oder starrt ängstlich hinüber, sind Sie zu nah am Objekt seiner Furcht und müssen den Bogen vergrößern. Zieht er mit Macht von der Person weg, bleiben Sie stehen und schauen unbeteiligt in eine andere Richtung. Wenn Sie in diesem Fall den Bogen vergrößern, würden Sie seinem Ziehen nachgeben und ihm ein falsches Signal übermitteln. Sobald Ihr Vierbeiner sich etwas entspannt, entfernen Sie sich mit ihm langsam und ruhig aus der Situation. Dieses Mal empfand Ihr Hund die Nähe offenbar noch zu

SPLITTEN BIETET SCHUTZ UND SICHERHEIT

1 Ein Hund, den die vielen Eindrücke in der Stadt ohnehin überfordern, reagiert auf außergewöhnliche Begegnungen besonders gestresst. Mit geduckter Körperhaltung und angelegten Ohren signalisiert dieser Hund, dass ihm die Frau mit dem roten Regenschirm nicht geheuer ist.

2 So geht alles viel entspannter: Der Hund läuft auf der abgewandten Seite seiner Besitzerin. Das sogenannte Splitten (→ Seite 30) vermittelt ihm

Schutz und Sicherheit. Für sein entspanntes und aufmerksames Verhalten sollte er dann ausgiebig gelobt und belohnt werden.

3 Aus sicherer Distanz und mit seiner Halterin als Schutz kann sich der Hund die Frau mit dem ominösen Schirm in Ruhe anschauen. Belohnen Sie den Hund, wenn er sich dabei ruhig verhält, und bieten Sie ihm nach einer stressigen Übungssituation immer die Möglichkeit zum Entspannen.

UNSER HUND FÜRCHTET SICH VOR BESUCHERN UND SELBST VOR FAMILIENMITGLIEDERN

Vor Besuchern Bitten Sie Ihre Besucher, den Hund in Ihrer Wohnung oder während eines gemeinsamen Spaziergangs nicht zu beachten, ihn also nicht anzuschauen, anzusprechen oder zu streicheln. Das gilt auch, wenn der Vierbeiner von sich aus Annäherungsversuche unternimmt. Denn nur so hat er die Chance, in aller Ruhe zu erkunden, was es mit den fremden Menschen auf sich hat, und stellt bald fest: »So gefährlich sind die ja gar nicht.« Zeigt er dann irgendwann in Gegenwart Fremder keine Anzeichen von Unsicherheit mehr, darf der Besuch dem Hund ein Leckerli hinhalten oder ein Spielangebot machen, zum Beispiel einen Ball werfen. Geht der Hund darauf noch nicht ein, bleibt er weiterhin unbeachtet, und man wartet mit dem nächsten Versuch. Von Begegnung zu Begegnung baut er seine Furcht ab und macht die Erfahrung, dass ihm in Gesellschaft dieser Menschen nichts passiert.

Vor Familienmitgliedern Zusätzlich zu den für Besucher getroffenen Maßnahmen sollten Sie versuchen, die Anwesenheit der »Problempersonen« für Ihren Hund mit einer positiven Erfahrung zu verknüpfen. Füttern Sie ihn, wenn möglich, daher nur noch, wenn das betreffende Familienmitglied dabei ist, sich aber ganz im Hintergrund hält. Ähnliches gilt, wenn Sie dem Hund einen Kauknochen geben oder mit ihm spielen. Verlässt die Person das Zimmer, räumen Sie Futter, Spielzeug und Kauknochen wieder weg. Bleibt Ihr Hund irgendwann schließlich auch dann ruhig und entspannt, wenn sich der Mensch ihm nähert, kann dieser nach und nach kleine Aufgaben übernehmen: Futternapf füllen und hinstellen, Spielzeug geben oder vor dem Hund ablegen, einen Kauknochen anbieten (auf keinen Fall wegnehmen!) oder beim gemeinsamen Spaziergang für kurze Zeit die Leine übernehmen.

bedrohlich – schlagen Sie beim nächsten Versuch besser gleich einen größeren Bogen ein, bis Sie die richtige Wohlfühldistanz ermittelt haben.
▶ In der ermittelten Wohlfühldistanz trainieren Sie im zweiten Schritt ein neues Verhalten Ihres Hundes: Er soll beim Anblick der Person Blickkontakt mit Ihnen aufnehmen, um nachzufragen, ob alles in Ordnung ist (→ Aufmerksamkeitsübung, Seite 32). Sobald er die gewünschte Reaktion zeigt, loben und belohnen Sie ihn.
▶ Nimmt er keinen Blickkontakt zu Ihnen auf und starrt den gefürchteten Fremden an, gehen Sie rückwärts und nehmen Ihren Hund dabei freundlich, aber bestimmt mit – bis er schließlich zu Ihnen hochschaut. Auch dafür gibt es Lob

und eine tolle Belohnung. Wichtig ist dabei der Zeitpunkt des Belohnens: Das Leckerli gibt es nur, während Sie auf Höhe des Menschen sind, und nicht erst, wenn Sie schon weitergegangen sind. Ansonsten würde der Vierbeiner die Belohnung falsch verknüpfen. Sehr bald werden Sie feststellen, dass Ihr Hund sich bei Begegnungen mit Passanten immer öfter an Sie wendet, um sich bei Ihnen rückzuversichern.
▶ Bleibt er in allen Trainingssituationen gelassen und ruhig, können Sie die Distanz zum Gegenüber allmählich verringern. Splitten Sie aber nach wie vor, achten Sie immer auf die lockere Leine und vergrößern Sie den Bogen wieder, falls Ihr Hund erneut Anzeichen von Stress zeigt.

Mein Hund fürchtet sich
vor Gegenständen

Manche Hunde, die sonst selbstbewusst und vorwitzig durchs Leben gehen, werden urplötzlich zu Mimosen und verkriechen sich in der hintersten Ecke, wenn ihr Mensch den Schrubber oder Besen aus dem Schrank holt. Und dann gibt es auch noch die Hunde, die mit ihrem Halter beim Morgenspaziergang immer völlig relaxed durch dieselben Straßen gehen. Doch wenn dann eines Tages vor einigen Häusern Müllcontainer stehen, möchten die vermeintlich so selbstsicheren Vierbeiner am liebsten die Flucht ergreifen. Sie zerren ungestüm an der Leine und versuchen ihren Begleiter so schnell wie möglich wegzuziehen. Für den Menschen sind solche und ähnliche Reaktionen nicht immer nachvollziehbar, für den Hund können sie großen Stress bedeuten.

Warum es nicht klappt

▶ Der Hund ist nicht ausreichend sozialisiert und deswegen unsicher, wenn er auf unbekannte Umweltreize trifft. Möglicherweise ist er in einer reizarmen Umgebung aufgewachsen und konnte Objekte verschiedenster Art nur selten erkunden.
▶ Er hat eine schlechte Erfahrung mit einem bestimmten Gegenstand gemacht und verknüpft das prägende Erlebnis nun mit allem, was ihn an die böse Geschichte erinnert und dem Objekt ähnlich sieht. Fürchtet er sich vor einem Besen, ist er vielleicht früher einmal mit einem Besen oder Stock geschlagen worden. Möglich auch, dass er beim Kehren einen unbeabsichtigten, aber schmerzhaften Schlag erhielt. Oder er verbindet mit dem Besen ein Ereignis, das zufällig zeitgleich auftrat und ihn erschreckte, während jemand in seiner Nähe kehrte. Zum Beispiel das laute Zuschlagen einer Tür.
▶ Viele Halter bestärken ihren Hund in seinem unsicheren Verhalten, indem sie ihn in diesen Situationen mit freundlichen Worten beruhigen wollen. Der Hund aber hat daraus gelernt, dass seine Unsicherheit und Furcht ganz offensichtlich berechtigt sein müssen.
▶ Mancher Hund wird gezwungen, sich dem Furcht einflößenden Gegenstand zu nähern, und ist dadurch erst recht überfordert.

AUF EINEN BLICK

Trainingsziel

Ihr Hund lernt an lockerer Leine, ohne Stress an Gegenständen vorbeizugehen, vor denen er sich bisher fürchtete. Gemeinsam mit seinem Halter traut er sich, unbekannte Gegenstände zu erkunden.

Hilfsmittel

Leckerlis und Leine.

Tipps und Trainingszeiten

Üben Sie das Erkunden von Gegenständen, die Ihren Hund verunsichern, immer dann, wenn sich beim Spaziergang die Gelegenheit dazu bietet und der Hund nicht gestresst wirkt. Trainieren Sie mit ihm nur einmal pro Woche, wenn er angesichts solcher Objekte sehr furchtsam reagiert. Steigern Sie auf zwei bis drei Übungseinheiten pro Woche, je entspannter er sich dabei verhält.

Situationen, die beim Hund Angst auslösen, lassen sich mit den passenden Strategien gut bewältigen. Splitten und Bogengehen (→ Seite 30) erleichtern diesem Hund das Vorbeilaufen an dem ihm fremden Roller.

▶ Hunde übernehmen das fremdelnde Verhalten gegenüber bestimmten Umweltreizen auch von Artgenossen. Verhält sich eine Hündin unsicher, ist die Wahrscheinlichkeit groß, dass ihr Nachwuchs entsprechend reagiert – vor allem, wenn das während der Sozialisierungsphase nicht kompensiert wird. Doch auch andere Vierbeiner im Haushalt können einen vom Wesen her ohnehin schon unsicheren Hund mit ihrer Furcht vor bestimmten Gegenständen nachhaltig beeinflussen.

So coachen Sie Ihren Hund

Grundsätzliches Trösten Sie Ihren Hund nicht und versuchen Sie nicht, ihn mit freundlichen Worten zu beruhigen, wenn er unsicher reagiert,

sich vor einem Gegenstand fürchtet oder ohne erkennbaren Grund ängstlich ist. Das mag auf den ersten Blick herzlos erscheinen, würde jedoch nur das Gegenteil bewirken. Mit Trost spendenden Worten, liebevollem Streicheln oder auf den Arm nehmen vermitteln Sie dem Hund, dass seine Unsicherheit begründet ist, und bestätigen ihn daher noch zusätzlich. Zwingen Sie ihn auch nicht, sich dem Furcht einflößenden Objekt zu nähern. Gehen Sie lieber wie folgt vor.

Gelegentliche Unsicherheit Viele Hunde gehen mit einer gesunden Portion Vorsicht durchs Leben – und das ist allemal besser, als sich jederzeit und überall in möglicherweise gefährliche Situationen zu begeben. Vielleicht weicht ein Vierbeiner daher erst einmal zurück, wenn er einen Gegenstand sieht, der ihm merkwürdig erscheint, zum Beispiel Sperrmüll am Straßenrand oder eine vom Wind verwehte Plastiktüte. Während resolutere Hundenaturen das fragliche Objekt schon nach kurzer Einschätzung der Lage mutig erkunden, brauchen andere dazu den Rückhalt und die Unterstützung ihres Menschen.

▶ Im Park läuft Ihr Hund zuverlässig frei, und es besteht keine Gefahr, dass er wegläuft. Alternativ können Sie ihn auch an der zehn Meter langen Schleppleine führen, das Leinenende halten Sie in der Hand. Gehen Sie dann ganz entspannt zu dem Gegenstand und zeigen sich neugierig, indem Sie das Objekt ausgiebig, aber ruhig inspizieren. Beachten Sie dabei Ihren Hund überhaupt nicht. Bei Ihrem Hund, der hinter Ihnen bleiben darf, wecken Sie auf diese Weise schnell die Neugier. Kommt er näher und beschnuppert den Gegenstand vorsichtig, loben Sie den Hund ruhig und belohnen ihn mit einem Leckerli. Falls er zögert, erleichtern Sie ihm die Entscheidung, indem Sie das Leckerli in der Nähe des Objekts auslegen. Nimmt der Hund es, verringern Sie die Distanz, bis er sich schließlich an den Gegenstand herantraut und daran schnüffelt – dann gibt es einen köstlichen Leckerbissen.

ER MEIDET TREPPEN UND GLATTE BÖDEN

Unsicherheit und Furcht vor bestimmten Bodenbelägen, Untergründen und Treppen kommen bei Hunden gar nicht selten vor. Häufige Ursache ist eine mangelhafte Sozialisierung auf Umweltreize. Oft ist die Skepsis aber auch berechtigt, wenn der Vierbeiner früher einmal auf einem glatten Holz- oder Steinboden ausgerutscht ist, mit den Krallen im Gitterrost hängen blieb oder auf der Treppe stürzte. Zum Teil bereitet Hunden auch das Treppenlaufen Beschwerden. Vor allem ältere Herrschaften oder solche mit vorgeschädigtem Bewegungsapparat tun sich damit erfahrungsgemäß schwer. Hunde mit langer Wirbelsäule sollten grundsätzlich nicht ständig Treppen laufen, um Rückenprobleme nicht noch zu begünstigen. Zwingen Sie Ihren Hund bitte nie, einen ihm unheimlichen Untergrund zu betreten.

▶ Wenn Sie bemerken, dass Ihr angeleinter Hund vor dem Betreten eines Untergrunds zögert, ignorieren Sie seine Unsicherheit und gehen zunächst gleichmäßig und ruhig weiter. Damit signalisieren Sie ihm, dass es keinen Grund zur Beunruhigung gibt – und vielleicht schließt er sich Ihnen vertrauensvoll an.

▶ Sie stehen möglichst dicht vor einem Bodenbelag oder einer Treppe, die Ihr Hund meidet. Noch ist er an lockerer Leine entspannt. Zieht er dann aber weg, bleiben Sie ruhig stehen. Für jede Annäherung wird er ausgiebig gelobt und belohnt.

▶ Meidet Ihr Hund einen glatten Boden in der Wohnung, legen Sie einen Läufer aus, auf dem er sich sicher bewegen kann. Verteilen Sie auf dem glatten Boden neben dem Läufer mehrere Leckerlis, die sich Ihr Hund nehmen darf. Animieren Sie ihn aber nicht dazu. Die Lust auf die Leckerbissen bringt ihn schnell in Versuchung, den vermeintlich gefährlichen Untergrund selbsttätig zu erkunden.

▶ Bei einer anderen Übungsvariante lernt der Hund, an lockerer Leine entspannt am Objekt vorbeizugehen. Dazu verfahren Sie wie beim Training für »Mein Hund fürchtet sich vor fremden Menschen« (→ Seite 87), indem Sie mit ihm einen Bogen gehen, splitten – also sich schützend zwischen Hund und Objekt halten – und Aufmerksamkeit trainieren. Wenn an der lockeren Leine auch ein Bogen mit geringerem Radius möglich ist, können Sie es in einer für den Hund noch akzeptablen und entspannten Distanz zum Objekt mit einer Gegenkonditionierung versuchen, indem Sie mit ihm spielen oder Übungen durchführen, die er besonders gern mag und wofür er dann auch belohnt wird.

Objektbezogene Furcht Fürchtet ein Hund sich vor einem bestimmten Gegenstand, wird er sich nur selten ohne Widerstand zur Erkundung animieren lassen. Hier ist vonseiten des Halters mehr Ausdauer gefragt. Das Training lässt sich gut am Beispiel des nachfolgend beschriebenen Besens erklären, es kann natürlich auch mit anderen Gegenständen durchgeführt werden. Die individuellen Unterschiede sind groß: Manche Hunde gewöhnen sich sehr rasch an das Objekt, andere brauchen manchmal Wochen, um sich ihm zu nähern.

Immer gilt: Bleibt der Schüler während der Übung völlig entspannt, kann der Schwierigkeitsgrad erhöht werden. Wirkt er gestresst, geht man im Training eine Stufe zurück.

▶ Trainieren Sie diese Übung in einem Zimmer der Wohnung, wo sich Ihr Hund wohlfühlt und wo Sie sich um diese Tageszeit regelmäßig aufhalten. Legen Sie den Besen auf den Boden, um zu ermitteln, auf welche Distanz Ihr Hund noch entspannt bleibt und ohne Zögern zu seinem Korb und Wassernapf geht. Bieten Sie ihm einen Kauknochen zur Beschäftigung an und erledigen Sie in diesem Zimmer alltägliche Aufgaben. Bleibt der Hund weiterhin entspannt, können Sie nach einer Weile mit ihm spielen oder Übungen

mit ihm machen, die er beherrscht und an denen er Spaß hat. Nähern Sie sich dabei »rein zufällig« bis auf einen Meter dem Besen, schenken dem Objekt jedoch keinerlei Aufmerksamkeit. Danach vergrößern Sie die Distanz wieder. Überlassen Sie anschließend Ihrem Hund erneut seinen Kauknochen und stellen den Besen am Ende dieser Übungseinheit zur Seite.

▶ Toleriert Ihr Hund den Besen ohne erkennbare Anzeichen von Stress, können Sie die Entfernung

> Lassen Sie Ihrem Hund alle Zeit der Welt, sich mit unbekannten Objekten vertraut zu machen.

nach einigen Wiederholungen schrittweise verringern – andernfalls muss die Distanz vorübergehend wieder vergrößert werden. Nähert sich der Hund im Spiel schließlich dem Besen bis auf etwa zwei Meter, verteilen Sie beim nächsten Mal einige Leckerlis um und auf dem Besen. Trainieren Sie dann wie gewohnt und überlassen Sie Ihrem Hund die Entscheidung, ob und wann er sich die Leckerlis nimmt.

▶ Haben Sie den Eindruck, dass Ihr Hund zunehmend neugieriger reagiert, versuchen Sie dennoch nicht, etwas zu forcieren. Gehen Sie weiter beiläufig mit dem Gegenstand um. Bestücken Sie diesen ruhig nochmals wie zuvor mit Leckerlis, die der Hund nach eigenem Ermessen nehmen darf. Macht er das alles sichtbar relaxed und freiwillig mit, erhöhen Sie bei den nächsten Trainingseinheiten – verteilt über mehrere Tage oder auch Wochen – den Schwierigkeitsgrad, indem Sie den Besen von Übung zu Übung länger hochheben. Irgendwann kehren Sie einen Augenblick mit dem Besen (halbe Minute), dann länger – immer nur dann steigern, wenn der Hund wirklich entspannt ist. Daran denken: Den Hund nicht anschauen bei diesem Training.

Laute und ungewohnte Geräusche
versetzen ihn in Panik

Von Staubsauger bis Silvesterknallerei: Hunde können auf die verschiedensten Geräusche mit Panik reagieren, und oft ist dies sehr hartnäckig. Deshalb wird es eventuell nicht gelingen, Ihrem Hund die Angst ganz zu nehmen. Aber in vielen Fällen kann man sie deutlich mildern oder Maßnahmen ergreifen, damit der Hund möglichst stressfrei damit leben kann.

Warum es nicht klappt

▸ Der Hund ist nicht ausreichend sozialisiert und wahrscheinlich in einer reizarmen Umgebung mit zu geringer Geräuschkulisse aufgewachsen.

Die Geräusch-CD sollte so leise sein (→ Seite 97), dass Ihr Hund kein Stressverhalten zeigt. Er verknüpft die Geräusche mit der Leckerei aus dem Spielzeug.

▸ Er hat schlechte Erfahrungen mit sehr lauten Geräuschen gemacht, beispielsweise mit einem Silvesterknaller, der plötzlich und unmittelbar neben ihm gezündet wurde. Manchmal ist es nicht einmal der Knall, sondern das Zischen, das den Hund ängstigt.

▸ Er wurde immer wieder durch tröstendes Zureden und beruhigendes Streicheln in seinem unsicheren Verhalten bestärkt, nachdem er sich wegen eines lauten oder ungewohnten Geräuschs erschreckt hatte.

▸ Hunde können sich die Furcht vor bestimmten Geräuschen beziehungsweise die generelle Angst vor Geräuschen auch von ihren Artgenossen abschauen, etwa von einem anderen Hund der Familie. Eine extrem geräuschempfindliche Hundemutter prägt nicht selten auch das Verhalten ihrer Welpen.

So coachen Sie Ihren Hund

Grundsätzliches Wenn Ihr Hund ängstlich/panisch auf bestimmte Geräusche reagiert oder ganz allgemein von lauter Umgebung eingeschüchtert wird, sollten Sie ihn diesem Stress nicht aussetzen.

▸ Lassen Sie ihn daher am besten zu Hause, wenn Sie wissen, dass es laut und turbulent zugehen wird, etwa auf einem Stadtfest, beim Faschingsumzug oder beim Polterabend. Sorgen Sie dafür, dass Ihr Hund nicht allein ist, und organisieren Sie gegebenenfalls einen Dogsitter, wenn Sie längere Zeit unterwegs sind.

▸ Versuchen Sie nicht, Ihren Hund zu beruhigen oder zu trösten, wenn er ängstlich reagiert, da Sie ihn damit nur in seinem Verhalten bestärken (→ Seite 91). Auch Strenge hilft nicht weiter.

▶ Läuft er doch einmal weg und ist länger verschwunden, informieren Sie das Tierheim und die Polizei vor Ort. Speichern Sie am besten alle wichtigen Nummern in Ihrem Mobiltelefon, damit sie sofort verfügbar sind.

Geräusche im Freien Sie sind das Vorbild für Ihren Hund. Bleiben Sie daher ganz gelassen, wenn er erschrickt, weil zum Beispiel der Auspuff eines Autos knallt oder plötzlich eine Sirene heult. In der Regel beruhigt ihn das schon wieder. Schauen Sie also nicht zur Geräuschquelle hin, sondern gehen Sie ungerührt in gleichem Tempo weiter, als wäre nichts geschehen. Schaut Ihr Vierbeiner kurz zu Ihnen hoch – mit der Frage im Blick, ob alles in Ordnung ist –, können Sie ihm ein kurzes »Alles gut« zurückgeben. Aber ohne jedes Mitleid in der Stimme, denn es geht hier immer darum, Normalität zu signalisieren.

▶ Will Ihr angeleinter Hund die Flucht ergreifen, weil ihn ein Geräusch erschreckt hat, geben Sie seinem Ziehen nicht nach. Bleiben Sie stattdessen entspannt stehen, ohne ihn anzusprechen und ohne zu ihm oder zur Geräuschquelle zu schauen. Erst wenn er sich nicht mehr in die Leine legt, blicken Sie freundlich zu ihm hin, geben ihm ein kleines, liebes Wort wie »Gut« und gehen an lockerer Leine unaufgeregt weiter.

▶ Fährt dem Hund der Schreck in die Glieder, während er frei läuft, lautet das oberste Gebot: Keine Hektik! Laufen Sie nicht zu ihm hin und versuchen Sie nicht, ihn zu trösten, sondern tun Sie so, als hätten Sie seine Aufregung gar nicht bemerkt. Bleibt er unsicher und will weglaufen, gehen Sie in die Hocke oder schlendern ein paar Meter in die entgegengesetzte Richtung, ohne ihn anzuschauen. Kommt er daraufhin zu Ihnen zurück, nehmen Sie ihn ohne jedes Anzeichen von Aufregung an die Leine. Mit diesem Verhalten überzeugen Sie Ihren Vierbeiner am leichtesten von der Harmlosigkeit der Situation.

▶ Rennt er auf den ersten Schreck hin weg, ist es manchmal die beste Taktik, dort auf seine Rückkehr zu warten, wo er weggelaufen ist. Wenn Ihr Hund aber so sehr erschrocken ist, dass er panisch die Flucht ergreift, warten Sie einen kurzen Moment, bis der erste Schreck vorbei ist und rufen ihn dann einmal mit freundlich entspannter und eher fröhlicher Stimme. Laufen Sie aber auf keinen Fall sofort hinter ihm her. Das würde

AUF EINEN BLICK

Trainingsziel

Ihr Hund verliert die Angst vor bestimmten Geräuschen oder generell vor einer lauten Umgebung. Erreicht man das nicht ganz, soll zumindest sein Stresslevel verringert werden, wenn er unangenehme Geräusche hört. Ziel ist es, seine Lebensqualität zu verbessern und ihn sicherer zu führen.

Hilfsmittel

Leckerlis; gegebenenfalls Leine und ein ruhiger Rückzugsort; Geräusch-CD.

Tipps und Trainingszeiten

Trainieren Sie einmal pro Woche die Desensibilisierung auf bestimmte Geräusche (auch mit Geräusch-CD, → Seite 97), wenn Ihr Hund sich sehr ängstlich zeigt. Verhält er sich entspannter, können Sie zwei bis drei Übungseinheiten ansetzen.

das Gegenteil von dem bewirken, was in Ihrer Absicht liegt, weil Ihr Hund nun annimmt, dass auch sein Besitzer flüchtet, und richtig Gas gibt. Rennt er weiter, folgen Sie ihm möglichst unaufgeregt und in großem Bogen. Rufen Sie ihn erst wieder mit sehr ruhiger Stimme, wenn er sich scheinbar etwas beruhigt hat. Lässt er Sie herankommen, leinen Sie ihn ohne Hektik an.

Dieser Hund ist noch sehr ängstlich. Bringen Sie ihn in einen anderen Raum und bieten ihm dort eine Leckerei an, bevor Sie mit dem Staubsaugen beginnen.

Geräusche im Haus Auf manchen Hund wirken die Geräusche von Staubsauger, Föhn, Espresso-Maschine etc. bedrohlich. Bringen Sie ihn in ein anderes Zimmer (→ Wohlfühlzimmer, Seite 106), bevor Sie das Gerät anschalten. Dort hat er einen gemütlichen Platz und erhält eine angenehme und interessante Beschäftigung, etwa einen Kauknochen. Nachdem Sie Staubsauger oder Föhn ausgeschaltet haben, gehen Sie ruhig ins Hundezimmer und nehmen den Kauknochen wieder an sich. Nach mehreren Wiederholungen verknüpft Ihr Hund das gefürchtete Geräusch mit dem angenehmen Zeitvertreib.

▶ Sie können das betreffende Gerät auch einige Tage lang in eine Ecke des Zimmers (am besten gegenüber des Hundekorbs) stellen und auf ihm und darum herum Leckerlis verteilen. Ihr Hund kann sich der »Gefahrenstelle« nähern und sie beschnuppern, wann immer er den Mut dazu aufbringt. Entspannt er sich in der Nähe des Geräts, schalten Sie es auf niedrigster, leiser Stufe

an und direkt wieder aus, während der Hund sich in sicherer Entfernung im Raum befindet. Wie bei allen Übungen gilt auch hier: Reagiert der Hund gestresst, muss der Schwierigkeitsgrad wieder verringert werden. Je gelassener er alles über sich ergehen lässt, desto länger können Sie das Gerät eingeschaltet lassen, bis Sie schließlich das gesteckte Trainingsziel erreicht haben. Handelt es sich beispielsweise um den Staubsauger, der lautstark im Zimmer bewegt wird, kann ein zusätzlicher Trainingsschritt sinnvoll sein, damit der Hund auch dabei möglichst wenig Stress empfindet. Verfahren Sie dazu wie bei der Besen-Übung (→ Mein Hund fürchtet sich vor Gegenständen, Seite 90), indem Sie bei eingeschaltetem Staubsauger den Abstand zum Hund nach und nach verringern. Lassen Sie dem Vierbeiner dabei aber immer einen Fluchtweg offen, damit er sich nicht in die Enge getrieben fühlt.

Variante

Er hat Silvester- oder Gewitter-Angst Das kann sogar im fortgeschrittenen Hundealter erstmals auftreten. Die Angst vor den knallenden Feuerwerkskörpern werden Sie Ihrem Vierbeiner wahrscheinlich nicht ganz nehmen können, wohl aber seine Stressbelastung reduzieren.

▶ Beschränken Sie die Spaziergänge schon einige Tage vor Silvester auf ein Minimum beziehungsweise fahren Sie an Orte, wo erfahrungsgemäß wenig geknallt wird, und führen Sie Ihren Hund immer an der Leine. Am Silvestertag sollten Sie mit ihm das letzte Mal möglichst vor Einbruch der Dunkelheit und bevor der größte Trubel losgeht vor die Tür gehen.

▶ Lassen Sie den Hund am Silvesterabend nicht allein – auch nicht mit einem Dogsitter. Der Hund braucht Sie in diesen Stunden als souveränen Chef, der ihm Sicherheit gibt. Halten Sie sich gemeinsam in dem Zimmer Ihrer Wohnung auf, das gegen Außengeräusche am besten isoliert ist, lassen Sie die Rollläden herunter oder ziehen Sie die Vorhänge zu und legen Sie eine Musik-CD ein, um die Knallerei draußen möglichst zu übertönen. Vielleicht verkriecht sich Ihr Hund an einem anderen Rückzugsplatz, zum Beispiel im Bad oder unter einer Bank. Machen Sie es ihm dort vorher gemütlich und stellen Sie Trinkwasser bereit. Sucht er sich Aufenthaltsorte aus, wo er sich einklemmen oder verletzen könnte, sollten Sie den Zugang verstellen und ihm eine bessere Alternative anbieten.

▶ Beachten Sie es nicht, wenn Ihr Hund wegen der Knallerei winselt oder bellt. Bleiben Sie viel-mehr völlig entspannt und zeigen Sie ihm, dass Sie für ihn da sind und alles in Ordnung ist. Vielleicht setzen Sie sich dazu auch auf den Boden und lesen ein Buch. Gerät Ihr Hund in Panik, können ihm gegebenenfalls homöopathische Mittel oder Medikamente helfen. Das sollten Sie aber schon vorher mit Ihrem Tierarzt oder einem Tierhomöopathen besprechen. Er legt dann auch die richtige Dosierung der Medizin fest.

▶ Trainieren Sie die Geräusch-CD (→ Kastentext unten) immer wieder einmal mit Ihrem Hund. Warten Sie damit aber ein bis zwei Monate, bis er sich vom Silvesterschreck völlig erholt hat.

BERUHIGUNGSTRAINING MIT DER GERÄUSCH-CD

Zur Desensibilisierung geräuschempfindlicher Hunde gibt es CDs mit den verschiedensten Geräuschen und Tönen: mit Donnergrollen, Autohupen, Staubsaugerrauschen, Silvester-knallerei, Düsenjäger- und Hubschrauberlärm sowie Schüssen. Beim Abspielen der Geräusch-szenarien ist behutsames Vorgehen angesagt, um die Ängste des Hundes nicht versehentlich noch zu steigern.

▶ Stellen Sie die CD-Wiedergabe zunächst auf niedrigste Lautstärke, sodass Ihr Hund keinerlei Stressreaktion zeigt. Bei dieser Einstellung werden Sie die Geräusche kaum wahrnehmen, Ihr Hund allerdings schon.

▶ Während die CD läuft, gehen Sie Ihren normalen Beschäftigungen nach. Trösten Sie Ihren Hund nicht, wenn er unruhig wird, um ihn in seinem Verhalten nicht zu bestärken. Setzen Sie sich daher auch nicht zu ihm, um gemeinsam zu lauschen, und beruhigen Sie ihn nicht mit Worten wie: »Hör mal, das ist doch gar nicht schlimm!« Verhalten Sie sich so, als würden Sie keine Geräusche hören. Gerät Ihr Hund unter Stress, stellen Sie den CD-Player wieder leiser.

▶ Bleibt er ruhig, steigern Sie die Lautstärke im Verlauf des Trainings – das kann durchaus Tage oder Wochen dauern – Stufe um Stufe. Beim Abspielen der CD muss der Hund nicht im Körbchen liegen. Sie können mit ihm spielen, ihm eine spannende Aufgabe stellen oder ein mit Leckerlis gefülltes Spielzeug oder einen Kauknochen zur Beschäftigung anbieten. Der Sinn dieser Übung ist, dass er die Geräusche von der CD mit den angenehmen Aktionen verknüpft. So kommt der Hund allmählich in eine positivere Grundstimmung und verliert mehr und mehr seine Angst.

▶ Beginnen Sie rechtzeitig vor Silvester, am besten sogar schon drei Monate vorher.

Häufige Verhaltensprobleme zu Hause und im Garten

PASCHA ODER PARTNER? Ein Chefsessel für Ihren Hund? Futterhäppchen direkt vom Mittagstisch? Stürmische Begrüßung jedes Besuchers? Was ein Vierbeiner zu Hause darf und was nicht, darüber gehen die Ansichten vieler Hundebesitzer weit auseinander. Tatsache ist: In den eigenen vier Wänden entscheidet sich, ob Sie Ihren Hund im Griff haben – oder er Sie. Deshalb lohnt es sich, für eine klare Hausordnung zu sorgen, an die sich alle Familienmitglieder halten, inklusive des Vierbeiners natürlich. Aber Ihr Hund braucht auch die Möglichkeit zum Rückzug, falls ihm der Familienalltag einmal zu viel wird. Und vielleicht gelegentlich ein »Pausenzeichen«, wenn er der Meinung ist, Sie müssten für ihn rund um die Uhr Alleinunterhalter sein. Auch Garten und Auto sind Bereiche, wo es klare Regeln für einen Hund geben sollte. Konsequenz statt Krise: Schaffen Sie klare Verhältnisse – für die entspannte Partnerschaft von Mensch und Hund.

Er verbellt jeden Besucher
und verhält sich sehr territorial

Sie sind ein geselliger Mensch und haben gerne Besuch. Doch in letzter Zeit winken Ihre Freunde dankend ab, wenn Sie sie zu sich nach Hause einladen. Und Sie verstehen das. An ein gemütliches Zusammensitzen ist schon lange nicht mehr zu denken, da Ihr Hund die ganze Zeit ein solches Spektakel veranstaltet, dass man sein eigenes Wort nicht mehr versteht. Steht ein Gast auf, wird er von dem Hund misstrauisch verfolgt. Ihre Besucher trauen sich nicht einmal mehr zur Toilette. Das kann kein Dauerzustand sein. Die Partnerschaft mit dem Hund soll Freude machen und Sie nicht von der Welt abnabeln.

Warum es nicht klappt

▸ Ihr Hund hat den richtigen Umgang mit Menschen und speziell Besuchern nie gelernt. Abgesehen von mangelndem Training ist das oft der Fall, wenn Besitzer oder Besucher immer wieder versuchen, den aufgeregten und bellenden Hund zu beruhigen – was der Nervtöter als Ansporn und Bestätigung seines Verhaltens versteht.
▸ Der Halter bemüht sich hektisch, seinen Hund lautstark in die Schranken zu weisen. Mit dem Resultat, dass der Vierbeiner sich nun erst recht aufregt, weil es sich offenbar tatsächlich um eine bedrohliche Situation handelt.
▸ Der Hund nimmt seine Wachfunktion sehr ernst. Bei einer Reihe von Hunderassen gehört die Wächterrolle zu den erklärten Zuchtzielen. Das eifrige Bewachen stellt prinzipiell kein Problem dar, solange der Mensch seinem Hund jederzeit vermitteln kann, dass er Herr der Lage ist (→ Kastentext, Seite 102). Daraufhin sollte der

Hund dem Menschen die Aufsicht überlassen und sich entspannen. Wo dieser Positionswechsel nicht praktiziert wird, können ernste Probleme entstehen. Unter anderem dann, wenn der Hund dem Halter die Bewältigung der Aufgabe nicht zutraut und eigenverantwortlich den Schutz der Familie übernimmt. Für den Hund verliert der Mensch schnell an Souveränität, wenn er von diesem hektisch abwechselnd ausgeschimpft, weggeschickt, besänftigt oder mit unpassenden Kommandos überhäuft wird.

AUF EINEN BLICK

Trainingsziel

Ihr Hund reagiert freundlich entspannt auf Besucher, wenn Sie ihm signalisieren, dass alles seine Ordnung hat. Auch das Bellen am Gartenzaun stellt der Vierbeiner auf Ihr Signal hin sofort ein.

Hilfsmittel

Besucher, die Sie bei den Übungen unterstützen; ein Hundekorb, daneben ein Haken, an dem die Leine befestigt wird; Halti; normale Leine und evtl. Schleppleine; Maulkorb und bei Bedarf ein eigenes Zimmer für den Hund (→ Wohlfühlzimmer, Seite 106).

Tipps und Trainingszeiten

Üben Sie mindestens einmal pro Woche. Es kann mehrere Wochen dauern, bis Ihr Hund Fremde in der Wohnung akzeptiert und dabei ruhig und entspannt bleibt.

▶ Der Hund ist schlecht sozialisiert oder hat in seiner Vorgeschichte schlechte Erfahrungen mit fremden Menschen gemacht und versucht, sich diese auf Abstand zu halten. Er hat schnell gelernt, dass Besucher zurückweichen, wenn er sie bedroht und bellend angiftet. Je öfter das für ihn zufriedenstellend funktioniert, desto stärker verinnerlicht er seine Strategie.

▶ Er verteidigt wichtige Ressourcen wie Futter, Schlafplatz oder Spielzeug.

So coachen Sie Ihren Hund

Ihr Besuchstraining kann nur Erfolg haben, wenn Sie selbst ruhig bleiben. Überlegen Sie, welche der nachfolgenden Strategien zu Ihrer Situation und zu Ihrem Hund passen und mit welcher Sie am besten arbeiten können. Sie sollten keine Gewissensbisse haben, Ihre Besucher während des Trainings für zwei oder drei Minuten vor der Haustür warten zu lassen, wenn es in diesem

Nehmen Sie Ihren Hund an die Leine, falls er aggressiv reagieren oder Kontrollverhalten zeigen könnte. Das entspannt die Situation für alle.

Augenblick viel wichtiger ist, dass Sie gelassen bleiben und nicht hektisch, unsicher oder gar gestresst wirken.

▶ Bitten Sie Freunde, die selbst Hundehalter sind oder Erfahrung im Umgang mit Hunden haben, Sie nach Absprache öfter zu besuchen.

▶ Der Besucher sollte Ihren Hund nicht anschauen, ansprechen oder anderweitig beachten, auch nicht, wenn dieser sich nähert.

▶ Springt der Vierbeiner einen Gast an, sollte der ihn ignorieren. Handeln Sie sofort: Gehen Sie ruhig, aber bestimmt zu Ihrem Hund, leinen ihn an und bringen ihn in einen anderen Raum.

▶ Müssen Sie befürchten, dass der Hund einen Besucher beißt, ist ein Maulkorb unumgänglich.

▶ Schon vor dem Besuchstraining sollten Sie einen Platz auswählen, der für den Hund reserviert ist, wenn Besuch kommt. Neben Ihnen, aber weit genug vom Besuch entfernt.

Situation unter Kontrolle Es klingelt an der Haustür, und Ihr Hund bellt.

▶ Bevor Sie die Haustür öffnen, führen Sie den Hund in ein anderes Zimmer und schließen die Tür. So lernt er, dass er beim Empfangskomitee nicht mehr an erster Stelle steht.

▶ Begrüßen Sie Ihren Besuch und beachten Sie Ihren Hund auch dann nicht, wenn er im Nebenzimmer bellt. Hat er sich beruhigt, können Sie zu ihm gehen und ihm einen Kauknochen anbieten, denn Kauen mindert den Stress. Dann verlassen Sie den Raum wieder.

▶ Bleibt er weiter ruhig, führen Sie ihn an kurzer Leine zu Ihrem Platz, der weit genug von den Gästen entfernt sein sollte. Gegebenenfalls mit Halti, damit er nicht doch noch auf den Besuch zuspringen kann.

▶ Er kann von dort alles in Ruhe betrachten und registriert, dass Sie die Situation sicher im Griff haben und der Besuch keine Bedrohung darstellt. Ihre Gäste ignorieren den Hund jedoch weiterhin. Zerrt er an der Leine, machen Sie mit ihm die Aufmerksamkeitsübung. Verhält er sich aber ruhig, darf er am Besuch schnuppern. Anschließend nehmen Sie ihn wieder mit zurück an Ihren Platz. Ihre Strategie geht auf, sobald Ihr Hund auch dann entspannt bleibt, wenn ein Gast aufsteht, sich hektisch bewegt oder sehr laut spricht. Nun können Sie den Hund etwas entfernt von Ihnen zu seinem Körbchen bringen, dort zur Sicherheit aber noch anleinen.

▶ Gibt es doch einmal einen Zwischenfall, bringen Sie den Hund sofort ins Nachbarzimmer und beginnen Sie das Training von vorn.

▶ Verhält er sich nach mehreren Trainingsbesuchen ruhig und gesittet, muss er im Körbchen nicht mehr an die Leine. Allerdings sollten Sie ihn zumindest in der ersten Zeit immer aus den Augenwinkeln beobachten und korrigieren, falls er doch aufzustehen versucht.

Auszeit im Nachbarzimmer Fühlt Ihr Hund sich in Gegenwart von Besuchern sehr unwohl oder geht es in der Wohnung turbulent zu, empfiehlt es sich, ihn während der ganzen Zeit in einem anderen Raum unterzubringen. Hier hat er seine Ruhe, und Sie müssen nicht ständig auf ihn achten. Das macht zum Beispiel Sinn, wenn Handwerker in der Wohnung sind oder wenn Sie eine Party mit vielen Gästen feiern.

Es sind vor allem solche Ausnahmesituationen, die kritische Momente provozieren. Etwa, weil nicht jeder Gast Ihre Instruktionen beachtet und den Hund vielleicht im Körbchen bedrängt oder durch Zuwendung im falschen Moment unerwünschtes Verhalten verstärkt.

In all dem Trubel reagiert der Halter dann mitunter falsch und macht mühsam erreichte Erziehungserfolge zunichte.

▶ Verhält der Hund sich im Nebenraum unruhig, empfiehlt sich das »Wohlfühlzimmer«-Training (→ Seite 106), damit er sich dort entspannt.

Rückzug in die Hundebox Reagiert Ihr Hund auf Besucher stark gestresst, können Sie ihm mit seiner vertrauten Box (→ Info, Seite 106) Sicherheit und Ruhe bieten.

Das erschreckt jeden Passanten. Zeigen Sie Ihrem Hund, dass das nicht sein Job ist, indem Sie ihn konsequent in ein abgelegenes Zimmer im Haus bringen.

Varianten

Feindbild Postbote Auf eigenem Territorium ist die Neigung zum Bellen in der Regel noch stärker ausgeprägt, zum Beispiel wenn der Postbote kommt. Gehört Ihr Hund zu dieser Gruppe, ist Alleinsein im Garten tabu. Führen Sie gezielt, wenn jemand kommt, die Aufmerksamkeitsübung (→ Seite 32) mit dem Hund an der kurzen Leine durch. Belohnt wird nur dann, wenn der Hund tatsächlich kein aggressives Verhalten gezeigt hat. Zeigt er doch Ansätze, heißt es rein ins Haus und ab in ein Zimmer – 15 Minuten sind durchaus zumutbar (sofern der Hund nicht unter Trennungsstress leidet). Anschließend ignorieren Sie ihn für weitere 30 Minuten. Ist er doch einmal allein im Garten und rennt bellend zum Zaun, geben Sie ein Abbruchsignal wie »Schluss!«, gehen zu ihm hin, leinen ihn an und bringen ihn wiederum in ein Zimmer. Nach 15 Minuten

DIE GRENZEN DES TERRITORIALEN VERHALTENS

Was einem lieb und teuer ist, das beschützt man auch – da sind sich Mensch und Hund sehr ähnlich. Während Sie Ihren Garten mit einem Zaun und das Haus mit einer abschließbaren Tür und vielleicht einer Alarmanlage schützen, setzt Ihr Hund mit Duftmarken und gegebenenfalls Bellen Zeichen: Hier wohne ich! Das Revier ist sein sicherer Rückzugsort und bietet ihm wichtige Ressourcen wie Nahrung und Schlafplatz. Da ist es nur verständlich, wenn er das durch Bellen beschützen möchte. Doch wie weit sich das mit den Wünschen der Nachbarschaft und den eigenen Nerven verträgt, ist eine Frage, die viele Hundebesitzer immer wieder kontrovers bewegt. Denn auch wenn das Bellen in einigen Situationen wie beschrieben eine durchaus nachvollziehbare Reaktion des Hundes ist, kann es im Zusammenleben sehr störend sein – und sogar zu Ärger führen. Klar sollte sein: Wenn Sie – oder ein Familienmitglied – zu Hause sind, geben Sie als Chef vor, wann Ruhe ist. Kündigt Ihr Hund also jemanden bellend an, der auf Ihren Garten zukommt, können Sie das kurz zulassen – doch auf Ihr Signal hin muss sofort Schluss sein mit dem Bellen. Wenn an Ihrem Grundstück häufig viele Menschen vorbeigehen, sollten Sie Ihrem Hund beibringen, dass das keine Störung des Hausfriedens ist – und er diese Passanten nicht zu vermelden hat. Lassen Sie ihn gegebenenfalls nicht allein im Garten, wenn er sich dann berufen fühlt, den Aufpasserjob zu übernehmen. Das Gleiche gilt für eine Wohnung in einem Mehrfamilienhaus, wo die Bewohner regelmäßig an Ihrer Wohnungstür vorbeikommen – auch da ist ständiges Verbellen sicher nicht angebracht. Entscheiden Sie nach Kriterien der Rücksicht und des Schutzes, den Sie sich wünschen, was Sie Ihrem Hund erlauben und was nicht.

öffnen Sie wortlos die Tür und ignorieren den Hund für eine Stunde. Mit dieser Deutlichkeit erreichen Sie das wichtige Ziel, Aggression wirklich zu verhindern.

Ursachenforschung beim Senior

Gesteigerte Aggressivität älterer Hunde hat oft verschiedene Ursachen. Vielleicht reagierte der Hund früher manchmal aggressiv, blieb dabei aber einschätzbar. Jetzt kann das Aggressionsverhalten, auch in Form von Anbellen, unkontrollierter auftreten und wird damit unberechenbar. Wenn der Hund schlecht sieht oder hört, erschrickt er womöglich heftig, sobald sich ihm Artgenossen oder Menschen nähern, ohne dass er es bemerkt. Dann kann er auch plötzlich zuschnappen. Schmerzgepeinigte Hunde sind gestresst und gereizt und neigen daher leichter zu aggressiven Reaktionen. Ein alter Hund kann auch überanstrengt sein, weil er zu wenig Ruhe und Schlafphasen hat oder weil es zu viele Stressoren für ihn gibt. Bitten Sie für die Ursachenforschung Ihren Tierarzt oder Verhaltenstherapeuten um Mithilfe. Oft kann dem Hund sehr gut geholfen werden. Sind alle erwähnten Ursachen ausgeschlossen, beobachten Sie, gegen wen sich die Aggression richtet und wann sie auftritt. Für den Senior wird mit den Jahren alles anstrengender. Er will Sie also ganz bestimmt nicht ärgern.

Mein Hund stiehlt alles Essbare
und bettelt bei Tisch

Manchen Hunden würde es im Traum nicht einfallen, etwas Essbares aus dem Einkaufskorb oder vom Tisch zu stehlen, andere sind schon als Welpen höchst daran interessiert.

Warum es nicht klappt

▸ Ein cleverer Vierbeiner lässt sich eine günstige Gelegenheit nicht entgehen, und es ist daher ganz normal, dass so mancher den Keksen auf dem Wohnzimmertisch nicht widerstehen kann.
▸ Ihr Hund hat Hunger, zum Beispiel weil er wegen Übergewicht auf Diät gesetzt wurde, und ist ständig auf der Suche nach Essbarem.
▸ Für Hunde ist das ganz normal: Wenn einer etwas übrig lässt, gehört es den anderen.

So coachen Sie Ihren Hund

Essen wegräumen Entscheidend ist, dass Ihr Hund beim Stöbern nach Essen und beim Betteln keinen Erfolg hat. Räumen Sie alles Essbare weg, wenn Sie ihn nicht beaufsichtigen können. Kann er vom Stuhl auf den Tisch springen, rücken Sie die Stühle nahe an den Tisch heran. Müssen Sie vom gedeckten Tisch weggehen, bringen Sie den Hund in ein anderes Zimmer, in seine Box oder leinen Sie ihn vorübergehend an.
Heilsamer Schrecken Stellen Sie etwas Essbares auf den Tisch, das Ihr Hund nicht mit einem einzigen Bissen vertilgen kann. Öffnen Sie die Tür zum Nachbarzimmer einen Spalt und gehen Sie dahinter in Warteposition. Versucht der Dieb an die leckere Beute zu kommen, öffnen Sie die Tür, schimpfen sehr laut und klatschen dabei in die Hände. Bringen Sie den ertappten Sünder in ein anderes Zimmer, wo er mindestens zehn Minuten allein bleiben sollte. Aber auch anschließend gibt es nicht gleich ein lustiges Spielchen oder eine Schmusestunde.
▸ Für schreckhafte Hunde eignet sich die Methode nicht, weil sie in Panik geraten können.
Anonym bestrafen Der Hund soll sein Fehlverhalten nach dieser Erfahrung einstellen, darf die Aktion aber nicht mit Ihnen in Verbindung bringen. Testen Sie folgende Varianten:

AUF EINEN BLICK

Trainingsziel

Sie können unbesorgt Lebensmittel auf dem Tisch oder einer Anrichte stehen lassen, und Ihr Hund macht keine Anstalten, sie zu stehlen. Der Vierbeiner legt sich bei Tisch hin, bettelt nicht und beobachtet Sie auch nicht, während Sie essen.

Hilfsmittel

Ein leckerer Köder als Beuteobjekt, gegebenenfalls eine Wasserpistole oder leere, an einer Schnur aufgereihte Konservendosen.

Tipps und Trainingszeiten

Räumen Sie immer alles Essbare weg, damit Ihr Hund überhaupt nicht erst in Versuchung geführt wird zu klauen. Bei einem besonders hartnäckigen »Futterdieb« sollten Sie bis zu dreimal in der Woche üben, um ihn auf frischer Tat zu ertappen.

▶ Bespritzen Sie den Hund »aus dem Hinterhalt« mit einer Wasserpistole. Wichtig: Er darf Sie damit nicht in Verbindung bringen.

▶ Reihen Sie mehrere leere Konservendosen an einer Schnur auf. Wickeln Sie das eine Ende der Schnur um ein Futterstück, das so groß ist, das der Hund es nicht mit einem Happs verschlingen kann. Das Futterstück kommt auf den Tisch, und Sie gehen aus dem Zimmer. Zieht der Hund die Beute vom Tisch, fallen die Dosen laut scheppernd herunter. Der Schreck aus heiterem Himmel sitzt dem Hund lange in den Knochen.

Wichtig Passen Sie die Art der Bestrafung dem Charakter Ihres Hundes an – der Dosenschreck ist nichts für sehr Ängstliche.

Ein Blick genügt

Nehmen Sie ein belegtes Brötchen oder ein anderes verführerisches Futterobjekt in die Hand. Fixiert Ihr Hund das Brötchen voller Begierde, halten Sie es an Ihren Mund (aber nicht abbeißen), verharren bewegungslos und schauen dem Hund sehr ernst direkt in die Augen. Und zwar so lange, bis der Hund unsicher wird und zur Seite blickt. Noch besser ist es natürlich, wenn Ihr Hund weggeht und sich hinlegt. Jetzt dürfen Sie das Brötchen genüsslich weiteressen. Wirft Ihr Hund erneut begehrliche Blicke auf Ihr Brötchen, fixieren Sie ihn wieder mit strengem Blick, bis er Ihnen schließlich nicht mehr beim Essen zuschaut.

KEINE CHANCE FÜR BETTLER!

1 Wenn einer so lieb schaut, dann fällt schon mal ein leckeres Häppchen ab ... Ein bettelnder Hund kann ganz schön nerven. Besonders dann, wenn er dabei aufdringlich wird oder im Restaurant und Café andere Gäste belästigt.

2 Machen Sie es so, wie auch Hunde unter sich: Sobald der Bettler Ihnen beim Essen zuschaut, »erstarren« Sie in Ihren Bewegungen und kauen auch nicht mehr. Schauen Sie Ihren Hund dabei unverwandt und sehr ernst an, bis sein Blick unsicher wird und er sich abwendet oder weggeht. Bei sehr aufdringlichen Kandidaten übt man das zunächst im Stehen, zum Beispiel mit einem belegten Brötchen in der Hand.

3 Dann eben nicht ... Die meisten Hunde legen sich nach missglücktem Bettelversuch abseits vom Tisch hin. Wenn Sie Ihrem Hund dafür eine Decke anbieten, fällt ihm das noch leichter.

Wir können unseren Hund
nicht allein zu Hause lassen

Sie waren nur eine halbe Stunde einkaufen. Vor dem Haus kommt Ihnen schon Ihre Nachbarin entgegen und beschwert sich über den Radau, den Ihr Hund während Ihrer Abwesenheit veranstaltet hat. Das Aufschließen der Wohnungstür bringt Gewissheit: Ihr Vierbeiner kommt Ihnen völlig erschöpft und mit weit heraushängender Zunge entgegen und kann sich vor lauter Freude bei Ihrem Anblick kaum mehr beruhigen. Sosehr Sie Ihren Hund auch lieben: Sie können ihn nicht immer und überall dabeihaben, er muss auch allein bleiben können. Wenn Hunde unter Trennungsstress leiden und deshalb jaulen, bellen oder gar etwas zerstören, ist das nicht nur für die Tiere belastend, sondern auch für ihre Halter. Verschaffen Sie sich selbst die Freiheit, die Sie für ein unbeschwertes Miteinander brauchen, und Ihrem Hund die Möglichkeit, die Zeit ohne Sie entspannt verbringen zu können.

Warum es nicht klappt

▶ Ihr Hund hat das Alleinsein nie richtig gelernt und ist frustriert. Manche Hunde versuchen durch Bellen und Heulen Kontakt zu ihrem abwesenden Menschen aufzunehmen.
▶ Langeweile während der Solozeit kann dazu führen, dass ein Hund sich nicht entspannt und Beschäftigung einfordert – ob sein Mensch nun anwesend ist oder nicht. Fast immer suchen die unterforderten Hunde sich dann selbst einen »Teilzeitjob«, in der Regel einen, der in Anwesenheit ihres Halters garantiert verboten wäre, etwa Stuhlbeine anknabbern, auf Schuhen kauen, Zeitungen schreddern oder Kissen zerfleddern.

▶ Der Hund hat den »Montags-Blues«: Nach einem gemeinsamen intensiven Wochenende oder einem Urlaub mit dem Besitzer empfindet er das Alleinsein als besonders schlimm. Hunde, die grundsätzlich nur selten allein bleiben müssen, tun sich dann oft besonders schwer damit.
▶ Problematisch kann es auch sein, wenn der zweite Hund der Familie plötzlich nicht mehr da ist und sein Artgenosse allein bleibt, wenn die Familie außer Haus ist. Das gilt selbst, wenn sich die Hunde nicht immer verstanden haben.

AUF EINEN BLICK

Trainingsziel

Der Hund kann bis zu vier Stunden allein bleiben und ist dabei ruhig und entspannt.

Hilfsmittel

Ein ruhiges Zimmer, Hundekorb, Wassernapf, mit Futter gefülltes Spielzeug, Kauknochen, gegebenenfalls auch eine Hundebox.

Tipps und Trainingszeiten

Je nach Veranlagung und der Vorgeschichte des Hundes sowie der Zeit, die Sie für die Übungen aufbringen können, dauert das Training unterschiedlich lang. Nach zwei bis vier Monaten sollte sich eine deutliche Verbesserung einstellen.
Üben Sie einmal täglich mit Ihrem Hund und steigern Sie auf dreimal, wenn der Hund ruhig bleibt. Abwesenheitsdauer an den Trainingsstand anpassen.

▶ Mit dem Ende der Pubertät – je nach Rasse etwa zwischen dem 6. und 15. Lebensmonat – befindet sich der Hund in einer sensiblen Phase, in der sich die Bindung zum Halter noch einmal verstärkt. Es ist nicht untypisch, dass manche Hunde plötzlich nicht mehr gut allein bleiben können, obwohl es in den Wochen und Monaten zuvor schon prima geklappt hatte.

▶ Ihr Vierbeiner hat in seinem Leben einen einschneidenden Verlust erfahren, zum Beispiel durch den Tod des Vorbesitzers oder die Abgabe in fremde Hände. Muss er jetzt allein bleiben, stellt sich diese Verlustangst sofort wieder ein. Dabei kann die Reaktion unterschiedlich stark ausfallen: Manche Hunde haben im Haus und im vertrauten Auto keine Probleme mit dem Alleinsein, geraten aber in Panik, wenn sie an anderen Orten zurückgelassen werden. Einige Hunde reagieren darauf mit einer regelrechten Trennungsphobie, die einen bedenklichen und gesundheitsgefährdenden Stresszustand hervorrufen kann, beispielsweise mit unkontrolliertem Kot- und Urinabsatz oder ständigem Hecheln.

So coachen Sie Ihren Hund

Ein Wohlfühlzimmer für den Hund Gewöhnen Sie sich an, mit Ihrem Hund ausgiebige Spaziergänge zu unternehmen, bevor er allein bleiben soll. Das gilt auch schon beim Training des Alleinseins. Bauen Sie in diesen Spaziergang sportliche Übungen ein und vor allem Aufgaben, die seinen Geist fordern, damit er anschließend rechtschaffen müde ist. Gut eignen sich Apportierarbeiten sowie Such- und Versteckspiele.

▶ Wählen Sie einen Raum, in dem Ihr Hund sich auch später aufhalten soll, wenn er allein bleibt. Das Zimmer darf nicht zu groß sein und sollte dem Hund keinen direkten Blick nach draußen bieten – weder durch eine Terrassentür noch durch große, bis zum Boden reichende Fenster. So machen Sie daraus ein Wohlfühlzimmer für Ihren Vierbeiner: Richten Sie einen gemütlichen Platz für ihn ein, der nicht so zentral liegt, dass er ständig die Tür im Auge behalten kann. Dazu legen Sie noch einen leckeren Kauknochen oder sein Lieblingsspielzeug und vergessen natürlich auch den Napf mit frischem Wasser nicht.

Allein bleiben neu lernen Hat Ihr Hund nicht gelernt, entspannt allein zu bleiben, bekommt man das meist recht leicht wieder in den Griff. Dieser Ablauf hat sich bewährt:

▶ Ihr Vierbeiner muss sich zuerst einmal daran gewöhnen, mit Ihnen gemeinsam in dem geschlossenen Zimmer zu bleiben. Schalten Sie das Radio an, und während Sie beispielsweise ein Buch lesen oder aufräumen und Ihren Hund nicht weiter beachten, beschäftigt er sich allein. Ist er unruhig, ignorieren Sie ihn. Das ist keine Strafmaßnahme, sondern soll ihn mit dem

Bringen Sie Ihrem Hund bei, seine Box zu akzeptieren und sich in ihr wohlzufühlen. Im Idealfall lernt das schon der Welpe, das Training mit dem erwachsenen Hund läuft jedoch gleich ab: Statten Sie die Hundebox mit Schmusedecke, Wassernapf, Spielzeug und Kauknochen oder einer verlockenden Futterbelohnung aus. Und setzen Sie sich zum Beispiel lesend vor die Box, während Ihr Hund bei offener Klappe in ihr liegt. Wichtig: Nicht der Hund bestimmt, wie lange die Aktion dauert, sondern Sie. Kommt er in der Box zur Ruhe, schließen Sie sie – anfangs nur für einen Moment, später können Sie die Auszeit in der Box allmählich auf zwei bis drei Stunden steigern.

Das ist ein guter Übungserfolg: Beim Wiederbetreten des Raumes bleibt der Hund entspannt auf seiner Decke liegen. Wichtig: den Hund nicht anblicken.

Gefühl vertraut machen, eine Weile keine Aufmerksamkeit von seinem Menschen zu erhalten. Auf diese Weise verbringen Sie bis zu einer halben Stunde miteinander im Wohlfühlzimmer. Danach öffnen Sie die Zimmertür und nehmen kommentarlos Spielzeug und Kauknochen an sich. Bleiben Sie noch fünf Minuten im Raum, bis Sie ihn ohne weiteres Aufheben verlassen. Verhält sich Ihr Hund gemeinsam mit Ihnen im geschlossenen Zimmer ruhig, folgt der nächste Trainingsschritt.

▶ Auch jetzt sind Sie wieder beide im Wohlfühlzimmer. Verlassen Sie den Raum nach fünf bis zehn Minuten, ohne Ihren Hund zu beachten, und schließen die Tür hinter sich. Nach etwa 20 Sekunden kehren Sie mit einem Glas Wasser oder einer Zeitung zurück. Wie schon zuvor kümmern Sie sich nicht um den Hund, schließen die Tür und lesen in Ihrem Buch oder in der Zei-

tung. Gehen Sie auch ins Zimmer, wenn der Hund an der Tür kratzt oder winselt, beachten Sie ihn aber dann nicht.

▶ Wenn das gut klappt und Ihr Hund entspannt auf seinem Platz liegen bleibt oder sich mit dem Spielzeug beschäftigt, wiederholen Sie den vorherigen Übungsschritt und verlassen den Raum. Nun aber für längere Zeit: Bleiben Sie einmal eine halbe Minute draußen, dann wieder drei oder sogar fünf Minuten. Variieren Sie die Zeit Ihrer Abwesenheit, sodass Ihr Schüler sich nicht an eine Regelmäßigkeit gewöhnen kann. Ziel der Aktion: Er soll schließlich 20 bis 30 Minuten ohne Probleme allein bleiben.

▶ Sie können auch zwei- oder dreimal jeweils nur für kurze Zeit hinausgehen. Wichtig ist, dass Sie dem Hund nicht den Eindruck von Unruhe vermitteln – alles läuft entspannt und ohne ein Wort zu verlieren. In den Zeiten, in denen Sie nicht im Wohlfühlzimmer sind, gehen Sie Ihren Alltagsgeschäften nach und halten sich auch einmal ganz leise im Nachbarzimmer auf, damit Ihr Hund kein Geräusch von Ihnen hört. Trainieren Sie mit ihm zu ganz unterschiedlichen Tageszeiten, damit er lernt, morgens, mittags und abends allein zu bleiben.

▶ Nun wird der Ernstfall geprobt: Sie verlassen die Wohnung. Vorher bleiben Sie jedoch mit Ihrem Hund für etwa fünf bis zehn Minuten bei geschlossener Tür im Wohlfühlzimmer, gehen dann wie gewohnt aus dem Zimmer und verlassen jetzt für zwei bis drei Minuten die Wohnung (→ Kastentext, Seite 108). Bleibt der Hund ruhig, steigern Sie die Zeit Ihrer Abwesenheit langsam, variieren dabei die Dauer, kehren zwischendurch aber auch schon nach nur wenigen Minuten zu ihm zurück, damit er sich nicht an einen bestimmten Rhythmus gewöhnt.

▶ Falls der Hund sichtbar gestresst auf Ihre Abwesenheit reagiert, gehen Sie im Trainingsplan so viele Schritte zurück, bis er die Übungen wieder ganz entspannt mitmacht.

SO BEUGT MAN STRESS BEIM ALLEINSEIN VOR

Hunde, die schon mehrmals den Besitzer wechselten, geraten oft schnell in Stress, wenn sie allein bleiben sollen. Das gilt auch für Vierbeiner, die eine besonders starke Bindung zu ihren Menschen haben. Mit einfachen Maßnahmen lässt sich das Risiko minimieren, dass sich aus einer leichten Unsicherheit echter Trennungsstress entwickelt:

▶ Wenn Sie sich die Jacke anziehen und den Hausschlüssel einstecken, signalisieren Sie Ihrem Hund, dass Sie gleich das Haus verlassen werden. Nehmen Sie diesen Signalen die Bedeutung, indem Sie auch zwischendurch öfter den Schlüssel in die Hand nehmen, ohne das Haus zu verlassen, oder die Jacke anziehen und sich dann in den Sessel setzen. Verlassen Sie zwischendurch die Wohnung und kommen Sie sofort wieder zurück. Wollen Sie tatsächlich weggehen, sollten Sie vom Hund unbemerkt Jacke und Schlüssel nehmen.

▶ Alternativ können Sie Ihren Hund während Ihrer Abwesenheit auch in seinem Wohlfühlzimmer unterbringen (→ Seite 106).

▶ Machen Sie aus dem Weggehen keine Staatsaktion. Gleiches gilt fürs Wiederkommen. Alles beiläufig: Verabschieden Sie sich nicht vom Hund und begrüßen Sie ihn bei der Rückkehr nur kurz und eher zurückhaltend.

▶ Ausgelastete Hunde geraten nicht so leicht in Stress und kommen seltener auf dumme Gedanken. Machen Sie Ihrem Hund regelmäßig Angebote für eine intensive körperliche und geistige Beschäftigung und geben Sie ihm während Ihrer Abwesenheit etwas zu tun, zum Beispiel ein Intelligenzspielzeug.

▶ Länger als vier Stunden sollte ein Hund nicht regelmäßig allein bleiben. Organisieren Sie einen Dogsitter oder einen anderen Betreuer, wenn Sie öfter für längere Zeit abwesend sind.

Variante

Er stellt die Wohnung auf den Kopf So mancher Hund wird während der Abwesenheit seines Besitzers von heftiger Zerstörungswut gepackt – das fängt vergleichsweise harmlos mit zerfledderten Zeitungen an und hört leider bei abgerissenen Tapeten und zerkratzten Türen nicht auf. Einige Destruktivisten schaffen es, die Einrichtung eines Zimmers innerhalb von zwei Stunden komplett zu zerlegen. Ob Frust, Angst, Langeweile oder einfach der Spaß am Zerstören die Ursachen des Verhaltens sind, lässt sich nicht immer erkennbar nachvollziehen. Wer mit dem hier beschriebenen Training nicht weiterkommt, sollte sich Rat bei einem Hundetrainer holen, der Erfahrung mit

verhaltensauffälligen Vierbeinern hat. Er lernt den Hund und dessen Menschen kennen, analysiert die Lebensumstände und beobachtet in der Regel mit einer im Zimmer aufgestellten Videokamera die Reaktionen des allein gelassenen Hundes. Auf dieser Grundlage macht er sich ein Bild von der Situation und erstellt gemeinsam mit Ihnen einen individuell auf Ihren Hund abgestimmten Übungsplan. Er kann Sie während des Trainings coachen und Ihnen auch grundlegende Tipps für den Umgang mit Ihrem Hund geben. Oft hilft es, wenn sich der Hund in seinem Wohlfühlzimmer in der Hundebox aufhält – vorausgesetzt, er akzeptiert das »Mobilheim« auch (→ Info, Seite 106).

Wie vermeidet man Ärger mit mehreren Hunden?

IN DER GRUPPE LÄUFT ES ANDERS Zwei Hunde oder gar eine ganze Meute – da geht es oft heiß her! Denn in der Hundegruppe entwickelt sich eine völlig andere Dynamik, als Sie es im Umgang mit nur einem Hund erleben. Es kann durchaus passieren, dass sich die Vierbeiner beim Spaziergang ruppig gegenüber anderen Artgenossen aufführen, weil sie sich gemeinsam stärker fühlen. Oder der eine beschützt den anderen. Auch das Jagen macht in der Gruppe viel mehr Spaß.

Und wenn der eine nicht hört, warum soll dann der andere den Rückruf befolgen? Auf der anderen Seite orientiert sich ein jüngerer Hund am erfahrenen älteren, und der wiederum profitiert vom frischeren Temperament des jungen. Die Hunde spielen miteinander und kommunizieren in ihrer Sprache: Das Leben in der Gruppe ist aufregend und abwechslungsreich. Und mit kühlem Kopf und den richtigen Übungsregeln kann man auch gemeinsam entspannt Gassi gehen.

Mein Hund verträgt sich nicht
mit seinem neuen Artgenossen

Sie haben sich den Traum vom zweiten Hund erfüllt, doch statt trauter Zweisamkeit erweist sich das Zusammenleben der beiden Vierbeiner als Albtraum. In der Wohnung zoffen sie sich ständig um Spielzeug oder Futter, und draußen verteidigt jeder den Ball oder das Stöckchen. Inzwischen graust Ihnen vor jedem Gassigehen, und wenn die beiden allein sind, müssen sie in getrennten Zimmern untergebracht werden.

Warum es nicht klappt

▶ Einer der Hunde verteidigt Futter, Spielzeug, seinen Schlafplatz oder die Nähe zum Menschen.

Kommt ein Welpe zu einem älteren Hund hinzu, braucht er ausreichend Spielmöglichkeiten mit Gleichaltrigen, um sein Sozialverhalten zu festigen.

Dies kann sich in offenen Streitereien äußern oder eher unmerklich, wenn sich ein Hund immer mehr zurückzieht.

▶ Natürlich spielen auch persönliche Abneigungen eine Rolle: Manche Hunde kommen einfach mit bestimmten Artgenossen nicht klar, was bei gleichgeschlechtlichen Tieren öfter passiert.

▶ Zwischen den Vierbeinern entsteht Streit, wenn der Mensch die Rangordnung nicht akzeptieren will, die seine Hunde unter sich längst ausgemacht haben.

▶ Einer der Hunde hat den richtigen Umgang mit Artgenossen nie gelernt und respektiert die von anderen Hunden gesetzten Grenzen nicht. Das führt zu Missverständnissen und manchmal auch zu »Handgreiflichkeiten«.

▶ Nicht jeder Rüde verträgt sich mit anderen Geschlechtsgenossen.

▶ Die Hunde verstehen sich eigentlich ganz gut, doch in manchen Situationen schlägt der Spaß in Ernst um, beispielsweise beim wilden Toben.

So coachen Sie Ihren Hund

Bevor der Neue kommt Ist der zweite erwachsene Hund noch nicht im Haus, können folgende Tipps helfen:

▶ Der Ersthund muss seine Position in Ihrem Mensch-Hund-Rudel kennen und hat keinerlei Mitspracherecht, wer ins Haus einzieht. Festigen Sie daher, wenn nötig, noch einmal die Regeln (→ Seite 22 ff.). Sinnvoll ist auch, sich erst dann den Zweithund zuzulegen, wenn der eigene souverän und sicher reagiert und gut gehorcht. Das erleichtert Ihnen die Erziehung des Neuen ganz erheblich, denn Hunde schauen sich häufig das Verhalten eines Artgenossen ab – im Positiven beim guten Benehmen und sehr viel schneller im Negativen bei Unarten wie Ungehorsam, zu großem Radius, Verbellen von anderen Hunden und Passanten oder beim Jagen.

▶ Klären Sie ab, ob beide Hunde sozial verträglich mit fremden Artgenossen umgehen. Beim Erstkontakt darf keiner inakzeptable Aggressionen an den Tag legen.

▶ Reagiert einer der Hunde ängstlich, kommt es darauf an, wie der andere antwortet: Betrachtet er das Verhalten als »Einladung« zum Mobbing, können Sie das nicht dulden. Sind Sie sich bei der Einschätzung der Charaktere unsicher, empfiehlt es sich, Rat und Unterstützung von einem erfahrenen Hundetrainer einzuholen.

Kontaktaufnahme Haben Sie den Eindruck, dass beide Hunde gut zueinanderpassen könnten, sollten Sie zunächst mit ihnen spazieren gehen. Verstehen sich die Hunde gut oder zeigen nur wenig Interesse füreinander, dann können Sie – falls das realisierbar ist – den Neuzugang quasi testweise für begrenzte Zeit bei sich aufnehmen, und wenn es klappt, immer etwas länger.

▶ Räumen Sie zuvor alle Ressourcen in Haus und Garten weg, die Anlass zu Streit geben könnten, wie Futter und Spielzeug.

▶ Beobachten Sie die Vierbeiner bei ihren ersten Kontakten in der Wohnung, ohne selbst groß zu intervenieren: Streicheln Sie die beiden nicht und bieten Sie ihnen weder Futter noch Kauknochen oder Spielzeug an. Greifen Sie nur ein, wenn es unbedingt nötig ist, weil sich Zoff anbahnt oder einer der Hunde vom anderen so stark unterdrückt wird, dass er sich überhaupt nicht mehr vom Fleck traut.

Rangordnung berücksichtigen Mit einer klaren Rangordnung lassen sich Konflikte vermeiden, da jeder der Beteiligten seine Stellung und seine Rechte kennt. Stärken Sie Ihre Führungsposition, indem Sie bei beiden Hunden auf die Einhaltung der Trainingsregeln achten. Unterstützen Sie aber auch die Rangordnung, die Ihre Hunde untereinander ausgemacht haben.

▶ Hunde, die sowohl vom Alter wie auch ihrer Erfahrung und Souveränität sehr unterschiedlich sind, haben meist eine deutliche Rangordnung. Rudelregeln und Grenzen gelten selbstverständlich für beide Hunde, aber der Ranghöhere

AUF EINEN BLICK

Trainingsziel

Die Hunde gehen freundlich und sozial verträglich miteinander um. Konflikte lassen sich frühzeitig und schnell lösen.

Hilfsmittel

Je nach Aggressionsverhalten kann es Sinn machen, einem oder beiden Hunden zumindest für begrenzte Zeit einen Maulkorb anzulegen. Zur besseren Kontrolle im Freien kann ein Kopfhalfter nützlich sein.

Tipps und Trainingszeiten

Vor allem in der ersten Zeit müssen Sie die Situation ständig im Blick haben, zum Beispiel beim Füttern. Gezielte Übungen, wie das Streicheln eines Hundes, sollten nicht jeden Tag durchgeführt werden, um vorhandenes Konfliktpotenzial durch zu häufiges Training nicht noch zu steigern.

bekommt mehr Privilegien, er wird beispielsweise zuerst begrüßt, bekommt zuerst sein Futter und seine Streicheleinheiten, mit ihm wird zuerst trainiert oder gespielt. Beachtet man das nicht und behandelt die Hunde gleich oder bevorzugt gar den Rangniederen, führt das unweigerlich zu Konflikten und massivem Stress.

▶ Der eigentlich rangniedere Hund fühlt sich in der bevorzugten Rolle fast immer überfordert, da

Familienzuwachs kann ganz schön nerven. Geben Sie dem erwachsenen Hund Rückzugsmöglichkeiten und schützen Sie ihn auch mal vor dem Welpen.

er nicht in der Lage ist, den ihm zugewiesenen Platz gegenüber seinem Artgenossen erfolgreich durchzusetzen. Vielleicht sieht er mit der Unterstützung des Menschen aber auch seine Chance gekommen, die neu gewonnene Position gegenüber dem anderen Hund zu behaupten. Das mag in manchen Fällen über längere Zeit gut gehen, der unausgetragene Konflikt eskaliert in spannungsgeladenen Situationen jedoch sehr schnell.
▶ Am sinnvollsten ist es, denjenigen Vierbeiner als Ranghöheren zu behandeln, der souveräner ist, weniger Angst- und Aggressionsbereitschaft zeigt, bei Begegnungen mit fremden Menschen und Hunden bessere Lösungsstrategien anbietet, keine Konflikte provoziert und Missverständnisse gelassener beseitigt. Gehorcht dieser Hund auch noch gut und hat er keine Jagdambition, kann er das ideale Vorbild für seinen Artgenossen sein. Wenn es Ihnen schwerfällt, Rangunter-

schiede zwischen den Hunden zu erkennen, sollten Sie professionelle Hilfe hinzuziehen.

Er verteidigt sein Futter Es gibt eine Reihe unterschiedlicher Strategien, um Aggressionsverhalten bei wichtigen Ressourcen wie dem Futter sicher in den Griff zu bekommen:
▶ Füttern Sie die Hunde in getrennten Räumen.
▶ Geben Sie alternativ klare Regeln vor. Beispielsweise müssen sich beide Hunde zur Fütterung in gebührendem Abstand hinsetzen. Erst dann wird die Futterschüssel des Ranghöheren abgestellt, und er bekommt die Erlaubnis zu fressen. Jetzt stellen Sie auch den Napf des Rangniederen auf den Boden, und auch er erhält die Freigabe. Sie stehen während der gesamten Fütterungszeit zwischen den beiden Hunden, damit keiner von beiden den anderen belästigt. Haben beide Vierbeiner ihre Rationen vertilgt, können Sie ihnen eventuell erlauben, den Napf des anderen auszulecken. Selbstverständlich nur, wenn das kein Konfliktpotenzial in sich birgt.
▶ Wenn Sie den Hunden Kauknochen anbieten, sollte auch das möglichst in getrennten Räumen passieren. Alternativ können Sie die beiden anweisen, dabei auf ihren Liegeplätzen zu bleiben – müssen sie aber im Auge behalten.

Tipps zur Konfliktvermeidung

▶ Bringen Sie jedem Hund ein eigenes Abbruchsignal bei, das Sie immer dann anwenden, wenn er sich unangemessen verhält. Das gilt besonders für Einschüchterungsversuche des anderen Hundes und aggressive Handlungen.
▶ Jeder Hund braucht einen eigenen Ruheplatz und seinen persönlichen Futternapf.
▶ Beide Hunde müssen jederzeit die Möglichkeit haben, sich zurückzuziehen oder zu dösen. Stellen Sie ihnen gegebenenfalls Ruheplätze in getrennten Zimmern zur Verfügung.
▶ Eifersüchteleien um Streicheleinheiten und die Nähe zum Menschen entstehen relativ häufig.

Üben Sie mit beiden Hunden: Ein Hund muss auf seinem Platz bleiben, während der andere gestreichelt wird. Schenken Sie dem Hund auf dem Liegeplatz keine besondere Aufmerksamkeit, sondern signalisieren Sie, dass es allein Ihre Entscheidung ist, denjenigen Hund zu streicheln, den Sie streicheln wollen. Schicken Sie dann den »Streichelhund« weg und wenden sich einer ganz anderen Beschäftigung zu. Trainieren Sie das so oft, bis es für beide Hunde normal ist.

▶ Gibt es Streit ums Spielzeug, sollten Sie die Spielsachen wegräumen und den Hunden nur gezielt und unter Aufsicht zur Verfügung stellen.

Manchmal bleibt leider nur noch die Trennung

Trotz aller Bemühungen gelingt es in einigen wenigen Fällen nicht, die Vierbeiner zu einem harmonischen Miteinander zu bewegen. Wenn einer der Hunde über einen längeren Zeitraum ständig unter Stress steht und gemobbt wird oder wenn es fast täglich zu heftigen Streitereien zwischen den Tieren kommt und selbst die Hilfe eines Hundetrainers keine Besserung bringt, bleibt oft nur noch die Trennung vom Zweithund – auch wenn es schwerfällt.

EIN WELPE KOMMT ZUM ERWACHSENEN HUND

Verträgt sich Ihr erwachsener Vierbeiner mit einem Junghund? Verträglichkeit bedeutet dabei nicht, dass er jedes aufdringliche Verhalten des Kleinen klaglos hinnehmen muss. So darf ein erwachsener Hund einen Welpen durchaus angemessen zurechtweisen, wenn dieser ihn fortgesetzt nervt oder ihm das Spielzeug oder den Kauknochen zu stehlen versucht. Er darf ihn jedoch nicht mit unangepasster Härte maßregeln oder attackieren. Beachten Sie diese Regeln, damit das Zusammenleben von Jung und Alt harmonisch verläuft:

▶ Widmen Sie nicht Ihre ganze Aufmerksamkeit dem Welpen, sondern unternehmen Sie möglichst viel allein mit dem erwachsenen Hund. Er braucht nach wie vor seine Spaziergänge, viel Beschäftigung und Ihre Nähe.

▶ Bevorzugen Sie den Welpen nicht, denn der erwachsene Hund ist im Rang höher.

▶ Greifen Sie ein, wenn der Welpe den älteren Hund immer wieder heftig bedrängt, um ihn zum Beispiel zum Spielen zu animieren. Gewöhnen Sie den Welpen daran, regelmäßig eine Auszeit in der Hundebox oder in einem anderen Zimmer einzulegen, damit der Ältere eine Zeit lang Ruhe findet.

▶ Fördern Sie Situationen, in denen die beiden Hunde gelassen und spielerisch miteinander umgehen oder gemeinsam die Umgebung erkunden, beispielsweise beim Spaziergang auf fremdem Terrain.

▶ Der Welpe muss öfter gefüttert werden als der erwachsene Hund. Planen Sie die Welpen-Mahlzeiten möglichst dann ein, wenn der erwachsene Vierbeiner mit anderen Familienmitgliedern auf Gassi-Tour ist. Alternativ können Sie dem älteren Hund einen (kalorienarmen) Zwischendurch-Snack genehmigen, wenn der junge seine Ration bekommt.

Beim Freilauf mit mehreren Hunden
gibt es immer wieder Stress

Wenn Sie mit Ihrem Hund allein unterwegs sind, zeigt er sich von seiner allerbesten Seite. Er bleibt immer in Ihrer Nähe und lässt sich selbst dann abrufen, wenn es irgendwo etwas Aufregendes zu entdecken gibt. Jeder Spaziergang mit ihm ist ein entspanntes Vergnügen. Doch das ändert sich schlagartig, wenn er seine Hundekumpels trifft. Dann erkennen Sie Ihren Liebling fast nicht mehr wieder. Mit der wilden Clique zieht er weite Kreise, schaut sich nicht nach Ihnen um und pöbelt zusammen mit den anderen fremde Artgenossen, aber auch Spaziergänger, Radfahrer und Jogger an. Den Besitzern mehrerer Hunde ist dieses Problem ebenfalls leider nur zu vertraut: Allein ist jeder von ihnen lammfromm, doch im Team werden sie zu Rüpeln und Raufbolden.

Warum es nicht klappt

▸ In der Gruppe fühlen sich die Hunde stark und zeigen Verhaltensweisen, die sie sich allein nie erlauben und trauen würden. So rennen sie oft weit weg, denn gemeinsam lässt sich die große Welt viel mutiger erkunden.

▸ Die Hunde werden von einem Anführer zu den rebellischen Taten verleitet und machen einfach nur mit, beispielsweise beim Anbellen anderer Hunde oder Passanten.

▸ Zusammen Unfug anzustellen, macht viel mehr Spaß. So reicht beim Jagen in der Meute oft ein kurzer Blickwechsel als Startsignal aus – ganz egal, ob es sich bei der »Beute« um Wild, Jogger oder Radfahrer handelt.

Gemeinsam herumzutoben, macht mehr Spaß – und bringt schneller auf dumme Ideen wie Jagen oder Passanten verbellen. Erkennen und vermeiden Sie so ein unerwünschtes Verhalten gleich im Ansatz.

▶ Ein Hund beschützt den mit ihm zusammenlebenden Artgenossen oder seine Hundefreunde.

▶ Die Hunde orientieren und konzentrieren sich stärker auf ihresgleichen oder die Umwelt als auf ihre Halter. Gehen mehrere Besitzer mit ihren Hunden spazieren, gibt die Menschengruppe den Vierbeinern zusätzliche Sicherheit, da sie für die Hunde immer gut sichtbar und hörbar ist. Und außerdem sind die Menschen abgelenkt.

▶ Ein Hund nimmt sich einen ungehorsamen Hund zum Vorbild und schaut sich dessen Unarten ab oder gewöhnt sich das Verhalten einfach durch ständiges Mitmachen an.

So coachen Sie Ihren Hund

▶ Als grundsätzliche Maßnahmen sollten Sie die Regeln (→ Seite 22 ff.) festigen, dabei die Rangordnung unter den Hunden beachten sowie das Laufen an lockerer Leine üben (→ Wenn sie zu zweit sind, gehorchen meine Hunde mir nicht, Seite 118), was bei zwei oder mehr Hunden nicht immer leicht ist. Versuchen Sie die Beziehung zu Ihren Hunden zu intensivieren und setzen Sie im Training auf erprobte Strategien (→ Seite 28 ff.), damit die Hunde sich stärker an Ihnen orientieren. Üben und beschäftigen Sie sich auch getrennt mit den Hunden (→ Seite 118 ff.).

▶ Freilauf, aber kontrolliert: Über die Wiesen zu rennen, mit anderen Hunden artgerecht Kontakt aufzunehmen oder einfach nur am Wegesrand zu schnuppern, ist für ein glückliches Hundeleben unerlässlich. Aber das darf nie zulasten anderer Mitgeschöpfe geschehen.

Leinen Sie daher einen oder auch beide Vierbeiner in Gebieten an, in denen Situationen auftreten können, denen die Hunde wahrscheinlich nicht gewachsen sind. Ihre Hunde begleiten Sie dann an lockerer Leine.

Radius einschränken Das Begrenzen des Freilaufbereichs ist eine wichtige Maßnahme, wenn man mehrere Hunde unter Kontrolle halten will.

▶ Üben Sie zunächst in einem Gelände, das den Hunden vertraut ist und nur wenige ablenkende Reize bietet. Steigern Sie den Schwierigkeitsgrad des Übungsgebietes erst dann, wenn die Hunde zuverlässig einen kleineren Radius einhalten.

▶ Üben Sie am Anfang mindestens einmal am Tag mit jedem Hund allein. Um nicht alle Wege doppelt laufen zu müssen, verfahren Sie wie folgt: Ein Hund läuft frei oder wird über Brustge-

AUF EINEN BLICK

Trainingsziel

Ihre frei laufenden Hunde verhalten sich gegenüber Menschen und Artgenossen verträglich, bleiben in einem angemessenen Radius und jagen nicht. Sie orientieren sich immer an Ihnen und lassen sich auch aus jeder Situation leicht abrufen.

Hilfsmittel

Leckerlis; Leine, Schleppleine und Brustgeschirr, Kopfhalfter, gegebenenfalls auch ein Maulkorb.

Tipps und Trainingszeiten

Üben Sie die Einhaltung des Radius täglich und das Anti-Aggressionstraining mehrmals pro Woche. Achten Sie auf die Einhaltung der Trainingsregeln und darauf, dass Ihre Hunde sich nicht in ein aggressives Verhalten hineinsteigern.

schirr und Schleppleine gesichert, während sein Artgenosse an kurzer Leine geführt wird. Üben Sie mit dem frei laufenden Hund die Richtungswechsel (→ Seite 47), während der angeleinte Hund an der lockeren Leine mitlaufen muss – zwischendurch wird abgewechselt.

▶ Klappt das gut, tauschen Sie die kurze Leine des angeleinten Hundes gegen eine Schleppleine, die am Brustgeschirr befestigt ist, halten sie aber zu Beginn noch in der Hand. Üben Sie wieder Richtungswechsel. Sind beide Hunde aufmerksam und bleibt vor allem auch der Freigänger im Wunschradius, können Sie die Schleppleine des anderen Hundes zwischendurch fallen lassen. Belohnen Sie beide Hunde für gutes Verhalten.

▸ Denken Sie daran, dass manche Hunde sehr raffiniert sind und genau wissen, mit welchem Verhalten sie an eine Belohnung kommen, beispielsweise: weglaufen – Rückruf abwarten – Belohnung abholen. Ihre Hunde bekommen daher viel Lob und tolle Belohnungshäppchen, wenn sie einen angemessenen Radius einhalten, aber nicht, wenn sie zu weit weggelaufen sind und erst dann wieder zurückkommen.

🐾 **Die Lizenz zum Herumtoben mit anderen Hunden gibt es nur für sozial verträgliche Vierbeiner.**

▸ Wenn die beiden Hunde gerne miteinander spielen, sollten Sie ihnen das an ausgewählten Plätzen erlauben. Variieren Sie diese Orte aber, damit die Hunde nicht aus eigenem Antrieb schon mal vorauslaufen oder die Spielerlaubnis hartnäckig einfordern. Achten Sie bei der Wahl des Spielareals darauf, dass die Hunde hier keine Möglichkeit haben, in alte und unerwünschte Verhaltensweisen zurückzufallen: Es sollte zum Beispiel kein Gebiet sein, wo Wild aufgeschreckt werden kann oder plötzlich andere Hunde oder Menschen auftauchen.

Varianten

Jäger und Mitläufer Sind Ihre Hunde passionierte Jäger oder eher Mitläufer, die allein nicht jagen? Ermitteln lässt sich das, indem Sie die Vierbeiner gesichert durch die Schleppleine in verlockenden Situationen testen, zum Beispiel in einem Tierpark. Führen Sie mit jagdversessenen Hunden neben den bereits erwähnten Maßnahmen ein Anti-Jagdtraining (→ Seite 66 ff.) durch. Meiden Sie wildreiche Gebiete bis zum erfolgreichen Trainingsabschluss und nehmen Sie den Jäger dort immer an die kurze Leine (→ Seite 52), während ein nicht jagender Kumpel frei oder an der Schleppleine mitläuft. Zeigt das Training Fortschritte, darf auch der Jäger mehr Freiheiten an der Schleppleine genießen.

Anbellen von Menschen Konzentrieren Sie das Training (→ Seite 76 ff.) auf den Anstifter, nicht auf seine Mitläufer. Zu Übungszwecken kommt der Anstifter an die kurze Leine und – wenn das Training gute Fortschritte macht – an die am Brustgeschirr befestigte Schleppleine. Erst wenn er sein altes Verhaltensmuster völlig abgelegt hat und nicht mehr rückfällig wird, darf er beim Gassigehen wieder frei laufen.

Gemeinsam gegen Artgenossen Manche Hunde verbünden sich, um gegen einen bestimmten Artgenossen Front zu machen. Testen Sie zunächst in Einzelspaziergängen, ob die Hunde sich auch dann unangepasst gegenüber Artgenossen verhalten, wenn sie nicht in der Gruppe sind. Auch ein Hund, der selbst nicht attackiert, kann seinem Kumpel trotzdem das Signal zum Angriff geben. Oder greift der andere nur an, wenn er Rückendeckung von seinem Mitstreiter hat? Konzentrieren Sie das Training auf den Aggressor, beziehen Sie aber auch die oder den passiven Vierbeiner mit ein. Unterbinden Sie bei den Tests aggressives Verhalten Ihrer Hunde schon im Ansatz – kein anderer Hund soll dabei in Angst und Schrecken versetzt werden.

▸ Unternehmen Sie Freilauf-Spaziergänge zunächst nur in übersichtlichem Gelände mit wenigen Hunden, wo Sie Ihre Vierbeiner rechtzeitig zu sich holen und anleinen können. Ist das nicht gewährleistet, führen Sie die Hunde immer an der am Brustgeschirr befestigten Schleppleine.

▶ Üben Sie zunächst mit jedem Hund einzeln die lockere Leine – und wenn das gut klappt, mit beiden gemeinsam. Reagiert einer der Hunde an der Leine aggressiv, trainieren Sie mit ihm entsprechend einzeln (→ Seite 83 ff.), gegebenenfalls mit Kopfhalter (→ Seite 35).

▶ Beide Hunde müssen beim Einzelspaziergang einen angemessenen Radius einhalten, locker an der Leine gehen, sich an Ihnen orientieren und ein angepasstes Verhalten gegenüber anderen Hunden zeigen.

Erst danach folgt das Training mit beiden Hunden. Dabei kommt einer an die kurze Leine und wird eventuell mit Kopfhalfter geführt, während Sie mit dem anderen die Strategien bei einer Konfrontation mit Artgenossen üben. Laufen die Hundebegegnungen auf Distanz friedlich ab, verringern Sie den Abstand zu den anderen Hunden. Achten Sie aber darauf, dass keiner der Vierbeiner in Stress gerät.

▶ Klappt das Training trotz aller Bemühungen nicht, sollten Sie sich an einen Hundetrainer wenden. Er weiß, wie er mit mehreren Hunden gleichzeitig umgehen muss, und kann Begegnungen zwischen ihnen kontrolliert organisieren.

Beschützerinstinkt Zuerst müssen Sie abklären, welcher Hund wen und wie viele seiner Artgenossen beschützt. Auch hier steht Solotraining am Anfang. Ist das Verhalten der einzelnen Hunde im Umgang mit den anderen in Ordnung, können Sie wieder mit allen gemeinsam trainieren. Der Beschützer wird zunächst angeleint am Kopfhalfter geführt. Bieten Sie ihm mit den Strategien (→ Seite 28 ff.) alternative Verhaltensmöglichkeiten an und loben und belohnen Sie ihn, wenn er entspannt bleibt, während sein Hundekumpel Kontakt mit einem fremden Vierbeiner aufnimmt. Klappt das sicher, wechseln Sie von der Leine zur am Brustgeschirr befestigten Schleppleine. Den Wechsel von der kurzen zur Schleppleine können Sie je nach Situation auch vom fremden Hund abhängig machen. Zeigt sich

Bei Langeweile suchen sich Hunde Beschäftigungsmöglichkeiten. Gestalten Sie Ihre Spaziergänge spannend und geben Sie jedem Hund eine Aufgabe.

der Beschützer gegenüber einem anderen Hund schon sehr entspannt, darf er wieder selbstständig Kontakte knüpfen, während der andere an der Leine ist. Fällt er in die Beschützerrolle zurück, geben Sie das Abbruchsignal und rufen oder holen ihn zu sich.

Spielverderber Manche Hunde kontrollieren ihre Hundekumpels ständig und versuchen oft sogar zu verhindern, dass sie Kontakt mit Artgenossen aufnehmen oder mit ihnen spielen. Hier sollten Sie besonders großes Augenmerk auf die Regeln und die Einhaltung der Rangordnung unter den Hunden legen. Geben Sie dem Spielverderber das Abbruchsignal (→ Seite 27) und nehmen ihn an die Leine. Er muss einige Minuten an der lockeren Leine gehen, bevor er wieder frei laufen darf. Nähert sich in dieser Zeit ein fremder Hund, wenden Sie die Strategien an und belohnen ihn für gutes Verhalten.

Wenn sie zu zweit sind,
gehorchen meine Hunde mir nicht

Übungen, die jeder Ihrer Hunde aus dem Effeff beherrscht, wenn Sie mit ihm allein trainieren, scheinen plötzlich vergessen, wenn sein Hundekumpel oder andere Vierbeiner in der Nähe sind. Weder Strenge noch freundliche Worte bringen den Hund dann dazu, das gewünschte Verhalten zu zeigen. Starten Sie rechtzeitig ein Trainingsprogramm, damit aus solchen kleinen Marotten keine großen Probleme werden.

Warum es nicht klappt

▶ Wenn Sie mit zwei oder mehreren eigenen Hunden spazieren gehen, wissen die Hunde bereits beim Aufbruch, dass Ihre Aufmerksamkeit geteilt ist – und nutzen das bei jeder sich bietenden Gelegenheit weidlich aus, um den eigenen Interessen nachzugehen.

Auch bei gemeinsamen Übungen kapieren Ihre Hunde sehr schnell, dass Sie sich nicht voll und ganz auf beide oder mehrere konzentrieren können und es vielleicht sogar an der letzten Konsequenz fehlen lassen.

▶ Die Vierbeiner sind so in ihr Spiel oder die gemeinsamen Erkundungen vertieft, dass sie die Signale ihres Menschen gar nicht wahrnehmen.

▶ Die Signale des Halters sind nicht eindeutig, oder die Hunde beziehen sie nicht auf sich.

▶ Ihr Besitzer ist angespannter, wenn er statt mit nur einem mit beiden Hunden unterwegs ist, was sich auf die Vierbeiner überträgt.

▶ Einer der Hunde schaut sich die Unarten von seinem Kompagnon ab.

▶ Der eine Hund fängt den anderen bei Rückruf-Befolgen ab.

So coachen Sie Ihren Hund

▶ Überprüfen Sie für alle Ihre Hunde die Regeln (→ Seite 28 ff.) und stellen Sie sicher, dass diese konsequent eingehalten werden. Achten Sie auch darauf, dass die Rangordnung unter den Hunden gewahrt bleibt.

Mit jedem Hund einzeln üben Testen Sie zunächst mit jedem Hund, welche Übungen er sicher beherrscht, bei welchen er noch Schwachstellen hat oder wo es gar nicht klappen will.

AUF EINEN BLICK

Trainingsziel

Ihre Hunde sind im gemeinsamen und im Einzeltraining aufmerksam und motiviert. Sie konzentrieren sich auf die Aufgaben, lassen sich nicht vom Artgenossen ablenken und führen Übungen so lange aus, bis Sie ihnen das Auflösungssignal geben.

Hilfsmittel

Leckerlis und alle Hilfsmittel, die für die von Ihnen angesetzte Übung notwendig sind, beispielsweise Leine, Brustgeschirr und Schleppleine.

Tipps und Trainingszeiten

Trainieren Sie eine Übung mehrmals in der Woche mit maximal drei Wiederholungen pro Übungseinheit. Beginnen Sie in einer Umgebung ohne viel Ablenkung und steigern Sie langsam den Schwierigkeitsgrad.

Dabei ist wichtig, ob er eine Übung noch nicht beherrscht und sie daher komplett neu aufgebaut werden muss, ob er die Übung einfach nicht ausführen will oder ob Sie als Übungsleiter eventuell missverständliche Signale aussenden. Üben Sie mit jedem Hund einzeln und steigern Sie den Schwierigkeitsgrad individuell und nur langsam. Denken Sie daran, dass eine Übung, die einer der Hunde bereits kann, für den anderen vielleicht noch eine große Herausforderung ist.

▶ Arbeiten Sie im Solotraining gezielt an Übungen, die dem Hund schwerfallen. Hat einer der Hunde mit einer Übungseinheit grundsätzliche Probleme, fällt ihm die korrekte Ausführung noch schwerer, wenn er durch den Artgenossen abgelenkt wird. Häufig scheitert das Training auch daran, dass Sie mit einem Hund nicht sinnvoll trainieren können, weil der andere ständig dazwischenfunkt oder gar auf die Idee kommt, zwischenzeitlich allein die Welt zu erkunden – worauf Sie das Training mit dem Schüler natürlich abbrechen müssen, um den Ausreißer wieder einzufangen. Zu Hause können Sie einen der Hunde anbinden oder in einen anderen Raum bringen. Das Anbinden klappt auch draußen, beispielsweise an einem Baum in der Nähe. Hier sollten Sie allerdings in Sichtweite bleiben, damit der angeleinte Hund keine Angst bekommt und Spaziergänger nicht denken, er sei womöglich ausgesetzt worden.

▶ Wenn alles wunschgemäß läuft und die Hunde »Platz« und »Bleib« sicher beherrschen, können Sie einen Hund Platz machen lassen, während Sie mit dem anderen üben.

▶ Widmen Sie jedem einzelnen Hund genügend Zeit, um eine enge und vertrauensvolle Bindung herzustellen. Gehen Sie mindestens zweimal pro Woche getrennt mit den Hunden spazieren und üben Sie dabei das korrekte Laufen an der lockeren Leine sowie den angemessenen Radius beim Freilauf, damit sich die beiden an Ihnen und nicht an ihrem Kumpel orientieren. Natürlich

Mit zwei Zugpferden, die ständig an den Leinen zerren, wird jeder Spaziergang zur anstrengenden Tour. Üben Sie die Leinenführigkeit zuerst mit jedem Hund solo.

darf dabei der gemeinsame Spaß nicht zu kurz kommen: Spielen Sie mit dem Hund, lassen Sie ihn den Futterbeutel (→ Seite 70) suchen oder erkunden Sie mit ihm gemeinsam unbekanntes und aufregendes Terrain. Auch bewegungsintensive und den Gehorsam fördernde Aktivitäten wie Obedience, Mantrailing oder Agility bieten sich an, falls sie zum Typ und Temperament des Hundes passen.

Mit zwei Hunden trainieren Erst wenn jeder für sich eine Übung zuverlässig beherrscht, können Sie mit beiden gleichzeitig trainieren.

▶ Stellen Sie eine Prioritätenliste auf und üben Sie zuerst die Dinge, die im Alltag die meisten Probleme bereiten.

▶ Jede Übung hat eigene Laut- und Sichtzeichen. Damit jeder Ihrer Hunde weiß, wann ein Signal an ihn und nicht an seinen Kumpel gerichtet ist, können Sie mit ihnen unterschiedliche Signale für die gleiche Übung trainieren. Beispielsweise lernt der eine, sich auf »Platz« hinzulegen, der andere auf »Down«. Verwechslungsfreier geht es, wenn Sie dem Lautsignal den Namen des Hundes voranstellen, um ihm zu zeigen, dass er an der Reihe ist. Hilfreich ist auch, nur den Hund anzuschauen, mit dem man kommuniziert.

▶ Um aus Ihrem wilden Haufen eine richtig gut gehorchende Truppe zu machen, sollten Sie beim Training auf eine sinnvolle Reihenfolge achten: Starten Sie zum Beispiel nicht mit dem Rückruftraining (→ Seite 40), solange der Radius noch viel zu groß ist (→ Seite 25). Überlegen Sie sich dann, wie Sie Übungen gezielt aufbauen können und wo und wann Sie am besten üben. Richten Sie sich dabei nach dem Hund, der am meisten lernen muss und sich leichter ablenken lässt.

▶ Achten Sie unbedingt darauf, dass keiner beim gemeinsamen Training schummelt, da jeder Rückfall in die altvertrauten Verhaltensweisen für die Hunde ein Erfolg ist. Haben die Vierbeiner wieder einmal an der Leine gezogen, sich im viel zu großen Radius aufgehalten oder sind

Spielsachen können ein Streitpunkt sein. Beobachten Sie genau und verwalten Sie notfalls die Ressource, bevor eine Auseinandersetzung droht.

sie sogar zur Jagd aufgebrochen, dann passiert es nur zu leicht, dass sie diesen Überraschungserfolg bei passender Gelegenheit wiederholen.

Lockere Leine Konsequenz ist die Grundvoraussetzung, damit das Laufen an der lockeren Leine (→ Seite 52) auch mit zwei Hunden klappt.

▶ Der Hund, mit dem Sie gerade üben, trägt ein Halsband, der andere ein Brustgeschirr.

▶ Wenn einer der beiden stark zieht oder sich an der Leine aggressiv verhält, legen Sie ihm ein Kopfhalfter an, gegebenenfalls beiden. Ziehen Sie ihnen die Halfter aber nur beim Üben an. Wenn Sie mit einem Hund nicht arbeiten, nehmen Sie das Halfter ab und führen ihn am Brustgeschirr.

Tipps fürs Rückruftraining

Überlegen Sie sich, ob jeder der Hunde ein individuelles Rückrufsignal braucht oder beide ein gemeinsames Signal bekommen sollen. Auf ein gemeinsames Signal hin müssen auch beide Hunde kommen. Üben Sie ohne Ablenkung und mit jedem Hund einzeln, um zu vermeiden, dass der eine eventuell nur kommt, weil der andere schon zu Ihnen läuft, dabei aber das Signal selbst nicht beachtet. Steigern Sie die Anforderungen und üben Sie mit beiden gemeinsam, wenn die Vierbeiner den Rückruf einzeln sicher befolgen. Fangen Sie wieder einfach und mit möglichst wenig Ablenkung an. Rufen Sie nur, wenn Sie auch ganz sicher sind, dass die Hunde kommen, erst dann steigern Sie Schritt für Schritt den Schwierigkeitsgrad der Übung. Manche Hunde attackieren den Zurückgerufenen, wenn der sich auf den Weg zu seinem Besitzer macht oder fast bei ihm angekommen ist. Das kann dazu führen, dass der Angegriffene gar nicht mehr auf den Rückruf reagiert. Schützen Sie den Gerufenen vor solchen Attacken, indem Sie den anderen Hund anleinen, eventuell mit Kopfhalfter. Eine Belohnung erhält dieser nur, wenn er die ganze Zeit entspannt bleibt.

Bei unseren Hunden gibt es
Zoff um Zuwendung und Futter

Jeder Hund hat Dinge, die ihm wichtig sind: Dem einen bedeutet die Nähe zum Menschen alles, beim anderen sind es sein Körbchen, der Platz auf dem Sofa, das Lieblingsspielzeug oder der Kauknochen. Je nach Temperament und Veranlagung wird alles mehr oder weniger vehement gegenüber den Artgenossen verteidigt. Doch es gibt Wege zum friedlichen Miteinander.

Warum es nicht klappt

▶ Einer der Hunde hat nie gelernt, die von Artgenossen gesetzten Grenzen zu akzeptieren, oder er hatte mit seinen Aggressionen immer Erfolg.
▶ Ein Hund genießt zu viele Privilegien und setzt sie auch in anderen Bereichen durch.
▶ Ein Hund fühlt sich durch die anderen ständig gestresst und reagiert übermäßig aggressiv.

So coachen Sie Ihren Hund

▶ Respektieren Sie die Rangordnung der Hunde untereinander, setzen Sie klare Regeln (→ Seite 22 ff.) und Grenzen (→ Seite 27).
▶ Tipps zur Konfliktvermeidung um Futter und Spielzeug finden Sie auf Seite 112.
▶ Wenn Sie einen der Hunde streicheln und der andere drängt sich dazwischen, schieben Sie den Drängler wortlos zur Seite und streicheln weiter.
▶ Manche Hunde stellen sich anderen in den Weg und drängen sie ab, bis die sich frustriert zurückziehen. Streichen Sie dem frechen Vierbeiner sämtliche Privilegien, geben Sie vor, was jeder Hund darf und was nicht, und setzen Sie das mit dem Abbruchsignal (→ Seite 27) durch.

▶ Als Boss entscheiden Sie allein, wem Sie Ihre Zuwendung schenken. Trainieren Sie das, indem Sie einen Hund auf seine Decke schicken, während Sie mit dem anderen spielen oder arbeiten. Zunächst nur für kurze Zeit. Dehnen Sie die Übungen dann aber sukzessive aus. Steht der Hund von seiner Decke auf, gehen Sie sofort zu ihm und drängen ihn wieder auf seinen Platz zurück. Wenn nötig, wird er angeleint. Bleibt er brav auf dem Platz liegen, erhält er zwischendurch eine kleine Belohnung – aber ganz ruhig, ohne dass er dazu aufsteht.

AUF EINEN BLICK

Trainingsziel

Ihre Hunde vertragen sich gut miteinander und streiten nicht um Futter, Spielzeug oder andere Ressourcen. Konflikte lassen sich sehr schnell wieder lösen.

Hilfsmittel

Je nach Aggressivität kann es sinnvoll sein, beiden Hunden einen Maulkorb anzulegen. Holen Sie sich Hilfe von einem Hundetrainer, wenn Sie bei sehr aggressiven Tieren allein nicht weiterkommen.

Tipps und Trainingszeiten

Mögliche Streitsituationen sollten Sie frühzeitig erkennen. Führen Sie bestimmte Übungen, wie die Zuteilung der Aufmerksamkeit, nicht jeden Tag durch, da durch sie das Konfliktpotenzial unbeabsichtigt verstärkt werden kann.

DIE AUTORINNEN

Anja Mack studierte Tiermedizin und leitet in München »Lucky Dogs – Die Hundeschule«. Schon während des Studiums beschäftigte sie sich intensiv mit dem Verhalten von Hunden. Als Hundetrainerin bietet sie alles an, was einen Hund zu einem sicheren Begleiter macht: von der Welpenspielstunde über das Basistraining bis hin zu Einzeltraining und sinnvoller Beschäftigung. Aus den vielfältigen Erfahrungen mit den verschiedensten Hunden – Anja Mack besitzt selber sechs – entwickelte sie einen individuellen Trainingsaufbau, mit dem Hundehalter gezielt auf problematisches Verhalten ihres Vierbeiners reagieren können.

Kirsten Wolf ist freie Journalistin und seit mehr als 30 Jahren begeisterte Hundehalterin. Sie schreibt regelmäßig für die Fach- und Publikumspresse über das Verhältnis von Mensch und Tier. Im Mittelpunkt steht der Hund und alles, was ihn zu einem souveränen und ausgeglichenen Begleiter macht. In verschiedenen Büchern zeigt sie – gemeinsam mit Co-Autorin Anja Mack – Wege auf, wie sich Probleme im Miteinander von Mensch und Hund stressfrei lösen lassen. Mit ihrer Irish-Terrier-Hündin Amy trainiert sie immer neue Spiele und betreibt freizeitmäßig Agility, Obedience und Fährtenarbeit.

ADRESSEN UND LITERATUR

VERBÄNDE / VEREINE

▶ **Fédération Cynologique Internationale (FCI),** Place Albert 1er, 13, BE-6530 Thuin/Belgien, www.fci.be

▶ **Verband für das Deutsche Hundewesen e. V. (VDH),** Westfalendamm 174, 44141 Dortmund, www.vdh.de

▶ **Österreichischer Kynologenverband (ÖKV),** Siegfried-Marcus-Str. 7, A-2362 Biedermannsdorf, www.oekv.at

▶ **Schweizerische Kynologische Gesellschaft (SKG/SCS),** Brunnmattstr. 24, CH-3007 Bern, www.skg.ch

▶ **Deutscher Tierschutzbund e. V.,** In der Raste 10, 53129 Bonn, www.tierschutzbund.de

▶ **Tierärztliche Vereinigung für Tierschutz e. V. (TVT),** Geschäftsstelle: Bramscher Allee 5, 49565 Bramsche, www.tierschutz-tvt.de

▶ **Gesellschaft für ganzheitliche Tiermedizin e. V. (GGTM),** Mooswaldstr. 7, 79227 Schallstadt, www.ggtm.de

▶ **Gesellschaft für Tierverhaltensmedizin und -therapie e. V. (GTVMT),** www.gtvmt.de

▶ **Bundesverband Praktizierender Tierärzte e. V. (BPT),** www.smile-tierliebe.de

▶ **Hundeschule Lucky Dogs,** Anja Mack, St. Emmeram, 81925 München, www.hundeschule-lucky-dogs.de

Fragen zur Hundehaltung beantworten

Ihr Zoofachhändler und der Zentralverband zoologischer Fachbetriebe Deutschlands e. V. (ZZF), www.zzf.de, Online-Portal des ZZF: www.my-pet.org, Tel. 0611/44 75 53 32 (Mo 12–16 Uhr, Do 8–11 Uhr)

REGISTRIERUNG VON HUNDEN

▶ **Deutsches Haustierregister,** Deutscher Tierschutzbund e. V., Baumschulallee 15, 53115 Bonn, www.deutsches-haustierregister.de

▶ **TASSO e. V.,** Abt. Haustierzentralregister, 65784 Hattersheim, Tel. 06190/93 73 00, www.tasso.net, E-Mail: info@tasso.net

▶ **Internationale Zentrale Tierregistrierung (IFTA),** Nördliche Ringstr. 10, 91126 Schwabach, Tel. 008 00/43 82 00 00 (kostenlos), www.tierregistrierung.de

HAFTPFLICHTVERSICHERUNG

▶ Fast alle Versicherungen bieten auch Haftpflichtversicherungen für Hunde an.

KRANKENVERSICHERUNG

▶ **Uelzener Versicherungen,** Postfach 2163, 29511 Uelzen, www.uelzener.de

▶ **AGILA Haustierversicherung AG,** Breite Straße 6–8, 30159 Hannover, www.agila.de

▶ **Allianz,** Königinstr. 28, 80802 München, www.katzeundhund.allianz.de

ZEITSCHRIFTEN

▶ **Der Hund.** FORUM Zeitschriften und Spezialmedien GmbH, Merching, www.derhund.de

▶ **Partner Hund.** Ein Herz für Tiere Media GmbH, Ismaning, www.partner-hund.de

▶ **Unser Rassehund.** VDH (Hrsg.), Dortmund, www.unserrassehund.de

▶ **Dogs. Gruner + Jahr,** Hamburg, www.dogs-magazin.de

BÜCHER, DIE WEITERHELFEN

▶ Arce José: **Meine 5 Geheimnisse für eine glückliche Mensch-Hund-Beziehung**, Gräfe und Unzer Verlag, München

▶ Feddersen-Petersen, Dorit: **Hundepsychologie, Sozialverhalten und Wesen.** Franckh-Kosmos Verlag, Stuttgart

▶ Hegewald-Kawich, Horst: **Hunderassen von A bis Z.** Gräfe und Unzer Verlag, München

▶ McConnell, Patricia B.: **Das andere Ende der Leine.** Kynos Verlag, Nerdlen

▶ Rugass, Turid: **Calming Signals – Die Beschwichtigungssignale der Hunde.** Animal Learn Verlag, Bernau

▶ Schlegl-Kofler, Katharina: **Hundesprache.** Gräfe und Unzer Verlag, München

▶ Schlegl-Kofler, Katharina: **Trickkiste Hundeerziehung,** Gräfe und Unzer Verlag, München

▶ Schlegl-Kofler, Katharina: **Welpen-Erziehung.** Gräfe und Unzer Verlag, München

▶ Weidt, Andrea: **Hundeverhalten – Das Lexikon.** Roro-Press Verlag, Dietlikon

▶ Wolf, Kirsten: **Die besten Hundespiele für drinnen und draußen.** Gräfe und Unzer Verlag, München

HUNDE IM INTERNET

▶ www.aktiv-mit-Hund.de
Infos rund um die Erziehung des Hundes

▶ www.ferien-mit-hund.de
Urlaub in hundefreundlichen Ferienwohnungen und -häusern

▶ www.graue-schnauzen.de
Vermittlung älterer Hunde

▶ www.hallohund.de
Online-Hundemagazin

▶ www.haushueter.org
Urlaubsbetreuung

▶ www.hunde.com
Infos rund um den Hund

▶ www.hundezeitung.de
Neues über Hunde

▶ www.naturhund.de
Infos über den Hund sowie über Hunde-verhaltensberatung und Hundetraining

▶ www.spass-mit-Hund.de
Tipps und Infos zur Beschäftigung mit Hunden

▶ www.thmev.de
Tiere helfen Menschen e. V.

▶ www.tiermedizin.de
Wissenswertes zu tiermedizinischen Fragen

WICHTIGER HINWEIS

Die Haltungsregeln dieses Buches beziehen sich auf gesunde und charakterlich einwandfreie Hunde. Bei Hunden aus dem Tierheim können Pfleger und Tierheimleitung oft Auskunft über die Vorgeschichte des Hundes geben. Es gibt Hunde, die aufgrund mangelhafter Sozialisierung oder schlechter Erfahrungen mit Menschen in ihrem Verhalten auffällig sind und eventuell zum Beißen neigen. Solche Tiere sollten nur von erfahrenen Hundehaltern aufgenommen werden. Für jeden Hund ist ein ausreichender Versicherungsschutz zu empfehlen.

Die werden Sie auch lieben.

DIE FOTOGRAFIN

Angela Kraft ist seit frühester Jugend von Tieren fasziniert. Für die Tierfotografin ist ihr Beruf zur Berufung geworden. Sie betreibt ihre eigene »Tierfotoagentur Lüneburger Heide«, die sich auf Tierfotos, Tiergeschichten und Reportagen spezialisiert hat. Ihre Veröffentlichungen findet man in namhaften Zeitungen, Magazinen und Büchern. Siehe auch: www.kraft-foto.de

BILDNACHWEIS

Alle Fotos in diesem Buch stammen von Angela Kraft, mit Ausnahme von:
Tatjana Drewka: 8-9, 22, 38, 98, U4-2, U4-3; **F1online:** 10; **Gettyimages:** Vorsatz, 28; **Oliver Giel:** 108; **Sandra Hahn:** 122; **Plainpicture:** Cover, 63; **Trio Bildarchiv:** 2-3, 6, 36-37; **Jana Weichelt:** 4.

Syndication:
www.jalag-syndication.de

IMPRESSUM

© 2016 GRÄFE UND UNZER VERLAG GmbH, München. Alle Rechte vorbehalten. Nachdruck, auch auszugsweise, sowie Verbreitung durch Bild, Funk, Fernsehen und Internet, durch fotomechanische Wiedergabe, Tonträger und Datenverarbeitungssysteme jeder Art nur mit schriftlicher Genehmigung des Verlages.
Projektleitung: Nadja Harzdorf, Anita Zellner
Lektorat: Gerd Ludwig
Bildredaktion: Silke Bodenberger, Petra Ender
Cover: Petra Ender
Umschlaggestaltung und Layout: independent Medien-Design, Horst Moser, München
Herstellung: Susanne Mühldorfer
Satz: Ludger Vorfeld
Reproduktion: Longo AG, Bozen
Druck und Bindung: Firmengruppe APPL, Wemding

Printed in Germany

ISBN 978-3-8338-5179-7

1. Auflage 2016

www.facebook.com/gu.verlag

GRÄFE UND UNZER

Ein Unternehmen der
GANSKE VERLAGSGRUPPE